# スパイラル　数





## 解答編

**1** (1)　次数 3，係数 2
(2)　次数 2，係数 1
(3)　次数 4，係数 $-5$
(4)　次数 3，係数 $\frac{1}{3}$
(5)　次数 6，係数 $-4$

**2** (1)　次数 1，係数 $3a^2$
(2)　次数 3，係数 $2x$
(3)　次数 3，係数 $5ax^2$
(4)　次数 3，係数 $-\frac{1}{2}x^2$

**3** (1)　$3x-5+5x-10+4$
$=3x+5x-5-10+4$
$=(3+5)x+(-5-10+4)$
$=\boldsymbol{8x-11}$
(2)　$3x^2+x-3-x^2+3x-2$
$=3x^2-x^2+x+3x-3-2$
$=(3-1)x^2+(1+3)x+(-3-2)$
$=\boldsymbol{2x^2+4x-5}$
(3)　$-5x^3+x-3-x^3+6x^2-2x+3+x^2$
$=-5x^3-x^3+6x^2+x^2+x-2x-3+3$
$=(-5-1)x^3+(6+1)x^2+(1-2)x+(-3+3)$
$=\boldsymbol{-6x^3+7x^2-x}$
(4)　$2x^3-3x^2-x+2-x^3+x^2-x-3+2x^2-x+1$
$=2x^3-x^3-3x^2+x^2+2x^2-x-x-x+2-3+1$
$=(2-1)x^3+(-3+1+2)x^2$
$\quad+(-1-1-1)x+(2-3+1)$
$=\boldsymbol{x^3-3x}$

**4** (1)　**2次式**，定数項 1
(2)　**3次式**，定数項 $-3$
(3)　**1次式**，定数項 $-3$
(4)　**3次式**，定数項 1

**5** (1)　$x^2+2xy-3x+y-5$
$=\boldsymbol{x^2+(2y-3)x+(y-5)}$
$x^2$ の項の係数は **1**，$x$ の項の係数は
$\boldsymbol{2y-3}$，定数項は $\boldsymbol{y-5}$
(2)　$4x^2-y+5xy^2-4+x^2-3x+1$
$=4x^2+x^2+5xy^2-3x-y-4+1$
$=\boldsymbol{5x^2+(5y^2-3)x+(-y-3)}$
$x^2$ の項の係数は **5**，$x$ の項の係数は
$\boldsymbol{5y^2-3}$，定数項は $\boldsymbol{-y-3}$
(3)　$2x-x^3+xy-3x^2-y^2+x^2y+2x+5$
$=-x^3-3x^2+x^2y+2x+xy+2x-y^2+5$
$=\boldsymbol{-x^3+(y-3)x^2+(y+4)x+(-y^2+5)}$
$x^3$ の項の係数は $\boldsymbol{-1}$，$x^2$ の項の係数は $\boldsymbol{y-3}$，
$x$ の項の係数は $\boldsymbol{y+4}$，定数項は $\boldsymbol{-y^2+5}$
(4)　$3x^3-x^2-xy-2x^3+2x^2y-2xy$
$\quad+y-y^2+5x-7$
$=3x^3-2x^3-x^2+2x^2y-xy-2xy+5x$
$\quad-y^2+y-7$
$=\boldsymbol{x^3+(2y-1)x^2+(-3y+5)x+(-y^2+y-7)}$
$x^3$ の項の係数は **1**，$x^2$ の項の係数は $\boldsymbol{2y-1}$，
$x$ の項の係数は $\boldsymbol{-3y+5}$，
定数項は $\boldsymbol{-y^2+y-7}$

**6** (1)　$A+B$
$=(3x^2-x+1)+(x^2-2x-3)$
$=3x^2-x+1+x^2-2x-3$
$=(3+1)x^2+(-1-2)x+(1-3)$　← 同類項をまとめる
$=\boldsymbol{4x^2-3x-2}$
$A-B$
$=(3x^2-x+1)-(x^2-2x-3)$
$=3x^2-x+1-x^2+2x+3$
$=(3-1)x^2+(-1+2)x+(1+3)$
$=\boldsymbol{2x^2+x+4}$
(2)　$A+B$
$=(4x^3-2x^2+x-3)+(-x^3+3x^2+2x-1)$
$=4x^3-2x^2+x-3-x^3+3x^2+2x-1$
$=(4-1)x^3+(-2+3)x^2+(1+2)x+(-3-1)$
$=\boldsymbol{3x^3+x^2+3x-4}$
$A-B$
$=(4x^3-2x^2+x-3)-(-x^3+3x^2+2x-1)$
$=4x^3-2x^2+x-3+x^3-3x^2-2x+1$
$=(4+1)x^3+(-2-3)x^2+(1-2)x+(-3+1)$
$=\boldsymbol{5x^3-5x^2-x-2}$

(3) $A+B$
$=(x-2x^2+1)+(3-x+x^2)$
$=x-2x^2+1+3-x+x^2$
$=(-2+1)x^2+(1-1)x+(1+3)$
$=\boldsymbol{-x^2+4}$

$A-B$
$=(x-2x^2+1)-(3-x+x^2)$
$=x-2x^2+1-3+x-x^2$
$=(-2-1)x^2+(1+1)x+(1-3)$
$=\boldsymbol{-3x^2+2x-2}$

別解 (1)

$$\begin{array}{rrrr} & 3x^2 & -\ x & +1 \\ +) & x^2 & -2x & -3 \\ \hline & \boldsymbol{4x^2} & \boldsymbol{-3x} & \boldsymbol{-2} \end{array} \qquad \begin{array}{rrrr} & 3x^2 & -\ x & +1 \\ -) & x^2 & -2x & -3 \\ \hline & \boldsymbol{2x^2} & \boldsymbol{+\ x} & \boldsymbol{+4} \end{array}$$

(2)

$$\begin{array}{rrrrr} & 4x^3 & -2x^2 & +\ x & -3 \\ +) & -x^3 & +3x^2 & +2x & -1 \\ \hline & \boldsymbol{3x^3} & \boldsymbol{+\ x^2} & \boldsymbol{+3x} & \boldsymbol{-4} \end{array}$$

$$\begin{array}{rrrrr} & 4x^3 & -2x^2 & +\ x & -3 \\ -) & -x^3 & +3x^2 & +2x & -1 \\ \hline & \boldsymbol{5x^3} & \boldsymbol{-5x^2} & \boldsymbol{-\ x} & \boldsymbol{-2} \end{array}$$

(3)

$$\begin{array}{rrrr} & -2x^2 & +x & +1 \\ +) & x^2 & -x & +3 \\ \hline & \boldsymbol{-x^2} & & \boldsymbol{+4} \end{array} \qquad \begin{array}{rrrr} & -2x^2 & +x & +1 \\ -) & x^2 & -x & +3 \\ \hline & \boldsymbol{-3x^2} & \boldsymbol{+2x} & \boldsymbol{-2} \end{array}$$

## 7

(1) $A+3B$
$=(3x^2-2x+1)+3(-x^2+3x-2)$
$=3x^2-2x+1-3x^2+9x-6$
$=(3-3)x^2+(-2+9)x+(1-6)$
$=\boldsymbol{7x-5}$

(2) $3A-2B$
$=3(3x^2-2x+1)-2(-x^2+3x-2)$
$=9x^2-6x+3+2x^2-6x+4$
$=(9+2)x^2+(-6-6)x+(3+4)$
$=\boldsymbol{11x^2-12x+7}$

(3) $-2A+3B$
$=-2(3x^2-2x+1)+3(-x^2+3x-2)$
$=-6x^2+4x-2-3x^2+9x-6$
$=(-6-3)x^2+(4+9)x+(-2-6)$
$=\boldsymbol{-9x^2+13x-8}$

## 8

(1) $(A-B)-C$
$=A-B-C$
$=(2x^2+x-1)-(-x^2+3x-2)-(2x-1)$
$=(2+1)x^2+(1-3-2)x+(-1+2+1)$
$=\boldsymbol{3x^2-4x+2}$

(2) $A-(B-C)$
$=A-B+C$
$=(2x^2+x-1)-(-x^2+3x-2)+(2x-1)$
$=(2+1)x^2+(1-3+2)x+(-1+2-1)$
$=\boldsymbol{3x^2}$

## 9

考え方 直接代入しないで，式を整理してから代入する。

(1) $3(A+B)-(2A+B-2C)$
$=3A+3B-2A-B+2C$
$=A+2B+2C$
$=(x+y-z)+2(2x-3y+z)+2(x-2y-3z)$
$=(1+4+2)x+(1-6-4)y+(-1+2-6)z$
$=\boldsymbol{7x-9y-5z}$

(2) $A+2B-C-\{2A-3(B-2C)\}$
$=A+2B-C-(2A-3B+6C)$
$=A+2B-C-2A+3B-6C$
$=-A+5B-7C$
$=-(x+y-z)+5(2x-3y+z)-7(x-2y-3z)$
$=(-1+10-7)x+(-1-15+14)y+(1+5+21)z$
$=\boldsymbol{2x-2y+27z}$

## 10

(1) $a^2\times a^5=a^{2+5}=\boldsymbol{a^7}$
(2) $x^7\times x=x^{7+1}=\boldsymbol{x^8}$
(3) $(a^3)^4=a^{3\times4}=\boldsymbol{a^{12}}$
(4) $(x^4)^2=x^{4\times2}=\boldsymbol{x^8}$
(5) $(a^3b^4)^2=(a^3)^2\times(b^4)^2=a^{3\times2}\times b^{4\times2}=\boldsymbol{a^6b^8}$
(6) $(2a^2)^3=2^3\times(a^2)^3=8\times a^{2\times3}=\boldsymbol{8a^6}$

## 11

(1) $2x^3\times3x^4=2\times3\times x^{3+4}=\boldsymbol{6x^7}$

(2) $xy^2\times(-3x^4)=-3\times x^{1+4}\times y^2$
$=\boldsymbol{-3x^5y^2}$

(3) $(-2x)^3\times4x^3=(-2)^3\times x^3\times4\times x^3$
$=-8\times4\times x^{3+3}$
$=\boldsymbol{-32x^6}$

(4) $(2xy)^2\times(-2x)^3$
$=2^2\times x^2\times y^2\times(-2)^3\times x^3$
$=4\times(-8)\times x^{2+3}\times y^2$
$=\boldsymbol{-32x^5y^2}$

(5) $(-xy^2)^3\times(x^4y^3)^2$
$=(-1)^3\times x^3\times(y^2)^3\times(x^4)^2\times(y^3)^2$
$=-1\times x^3\times x^{4\times2}\times y^{2\times3}\times y^{3\times2}$
$=-x^{3+8}y^{6+6}$
$=\boldsymbol{-x^{11}y^{12}}$

(6) $(-3x^3y^2)^3\times(2x^4y)^2$
$=(-3)^3\times(x^3)^3\times(y^2)^3\times2^2\times(x^4)^2\times y^2$
$=-27\times4\times x^{3\times3}\times x^{4\times2}\times y^{2\times3}\times y^2$

$=-108\times x^{9+8}\times y^{6+2}$
$=\boldsymbol{-108x^{17}y^8}$

**12** (1) $x(3x-2)=x\times 3x+x\times(-2)$
$=\boldsymbol{3x^2-2x}$

(2) $(2x^2-3x-4)\times 2x$
$=2x^2\times 2x-3x\times 2x-4\times 2x$
$=\boldsymbol{4x^3-6x^2-8x}$

(3) $-3x(x^2+x-5)$
$=-3x\times x^2+(-3x)\times x+(-3x)\times(-5)$
$=\boldsymbol{-3x^3-3x^2+15x}$

(4) $(-2x^2+x-5)\times(-3x^2)$
$=-2x^2\times(-3x^2)+x\times(-3x^2)-5\times(-3x^2)$
$=\boldsymbol{6x^4-3x^3+15x^2}$

**13** (1) $(x+2)(4x^2-3)$
$=x(4x^2-3)+2(4x^2-3)$
$=4x^3-3x+8x^2-6$
$=\boldsymbol{4x^3+8x^2-3x-6}$

(2) $(3x-2)(2x^2-1)$
$=3x(2x^2-1)-2(2x^2-1)$
$=6x^3-3x-4x^2+2$
$=\boldsymbol{6x^3-4x^2-3x+2}$

(3) $(3x^2-2)(x+5)$
$=3x^2(x+5)-2(x+5)$
$=\boldsymbol{3x^3+15x^2-2x-10}$

(4) $(-2x^2+1)(x-5)$
$=-2x^2(x-5)+1\times(x-5)$
$=\boldsymbol{-2x^3+10x^2+x-5}$

**14** (1) $(2x-5)(3x^2-x+2)$
$=2x(3x^2-x+2)-5(3x^2-x+2)$
$=6x^3-2x^2+4x-15x^2+5x-10$
$=\boldsymbol{6x^3-17x^2+9x-10}$

(2) $(3x+1)(2x^2-5x+3)$
$=3x(2x^2-5x+3)+1\times(2x^2-5x+3)$
$=6x^3-15x^2+9x+2x^2-5x+3$
$=\boldsymbol{6x^3-13x^2+4x+3}$

(3) $(x^2+3x-3)(2x+1)$
$=(x^2+3x-3)\times 2x+(x^2+3x-3)\times 1$
$=2x^3+6x^2-6x+x^2+3x-3$
$=\boldsymbol{2x^3+7x^2-3x-3}$

(4) $(x^2-xy+2y^2)(x+3y)$
$=(x^2-xy+2y^2)\times x+(x^2-xy+2y^2)\times 3y$
$=x^3-x^2y+2xy^2+3x^2y-3xy^2+6y^3$
$=\boldsymbol{x^3+2x^2y-xy^2+6y^3}$

**15** (1) $(x+2)^2$
$=x^2+2\times x\times 2+2^2=\boldsymbol{x^2+4x+4}$

(2) $(x+5y)^2$
$=x^2+2\times x\times 5y+(5y)^2$
$=\boldsymbol{x^2+10xy+25y^2}$

(3) $(4x-3)^2$
$=(4x)^2-2\times 4x\times 3+3^2$
$=\boldsymbol{16x^2-24x+9}$

(4) $(3x-2y)^2$
$=(3x)^2-2\times 3x\times 2y+(2y)^2$
$=\boldsymbol{9x^2-12xy+4y^2}$

(5) $(2x+3)(2x-3)$
$=(2x)^2-3^2$
$=\boldsymbol{4x^2-9}$

(6) $(3x+4)(3x-4)$
$=(3x)^2-4^2$
$=\boldsymbol{9x^2-16}$

(7) $(4x+3y)(4x-3y)$
$=(4x)^2-(3y)^2$
$=\boldsymbol{16x^2-9y^2}$

(8) $(x+3y)(x-3y)$
$=x^2-(3y)^2$
$=\boldsymbol{x^2-9y^2}$

**16** (1) $(x+3)(x+2)$
$=x^2+(3+2)x+3\times 2$
$=\boldsymbol{x^2+5x+6}$

(2) $(x-5)(x+3)$
$=x^2+\{(-5)+3\}x+(-5)\times 3$
$=\boldsymbol{x^2-2x-15}$

(3) $(x+2)(x-3)$
$=x^2+\{2+(-3)\}x+2\times(-3)$
$=\boldsymbol{x^2-x-6}$

(4) $(x-5)(x-1)$
$=x^2+\{(-5)+(-1)\}x+(-5)\times(-1)$
$=\boldsymbol{x^2-6x+5}$

(5) $(x-1)(x+4)$
$=x^2+\{(-1)+4\}x+(-1)\times 4$
$=\boldsymbol{x^2+3x-4}$

(6) $(x+3y)(x+4y)$
$=x^2+(3y+4y)x+(3y)\times(4y)$
$=x^2+7y\times x+12y^2$
$=\boldsymbol{x^2+7xy+12y^2}$

(7) $(x-2y)(x-4y)$
$=x^2+\{-2y+(-4y)\}x+(-2y)\times(-4y)$
$=x^2-6y\times x+8y^2$

$=\boldsymbol{x^2-6xy+8y^2}$

(8) $(x+10y)(x-5y)$
$=x^2+\{10y+(-5y)\}x+10y\times(-5y)$
$=x^2+5y\times x-50y^2$
$=\boldsymbol{x^2+5xy-50y^2}$

(9) $(x-3y)(x-7y)$
$=x^2+\{(-3y)+(-7y)\}x+(-3y)\times(-7y)$
$=x^2-10y\times x+21y^2$
$=\boldsymbol{x^2-10xy+21y^2}$

**17** (1) $(3x+1)(x+2)$
$=(3\times1)x^2+(3\times2+1\times1)x+1\times2$
$=\boldsymbol{3x^2+7x+2}$

(2) $(2x+1)(5x-3)$
$=(2\times5)x^2+\{2\times(-3)+1\times5\}x+1\times(-3)$
$=\boldsymbol{10x^2-x-3}$

(3) $(5x-1)(3x+2)$
$=(5\times3)x^2+\{5\times2+(-1)\times3\}x+(-1)\times2$
$=\boldsymbol{15x^2+7x-2}$

(4) $(4x-3)(3x-2)$
$=(4\times3)x^2+\{4\times(-2)+(-3)\times3\}x+(-3)\times(-2)$
$=\boldsymbol{12x^2-17x+6}$

(5) $(3x-7)(4x+3)$
$=(3\times4)x^2+\{3\times3+(-7)\times4\}x+(-7)\times3$
$=\boldsymbol{12x^2-19x-21}$

(6) $(-2x+1)(3x-2)$
$=(-2\times3)x^2+\{(-2)\times(-2)+1\times3\}x+1\times(-2)$
$=\boldsymbol{-6x^2+7x-2}$

**18** (1) $(4x+y)(3x-2y)$
$=(4\times3)x^2+\{4\times(-2y)+y\times3\}x$
$+y\times(-2y)$
$=\boldsymbol{12x^2-5xy-2y^2}$

(2) $(7x-3y)(2x-3y)$
$=(7\times2)x^2+\{7\times(-3y)+(-3y)\times2\}x$
$+(-3y)\times(-3y)$
$=\boldsymbol{14x^2-27xy+9y^2}$

(3) $(5x-2y)(2x-y)$
$=(5\times2)x^2+\{5\times(-y)+(-2y)\times2\}x$
$+(-2y)\times(-y)$
$=\boldsymbol{10x^2-9xy+2y^2}$

(4) $(-x+2y)(3x-5y)$
$=(-1\times3)x^2+\{(-1)\times(-5y)+2y\times3\}x$
$+(2y)\times(-5y)$
$=\boldsymbol{-3x^2+11xy-10y^2}$

**19** (1) $(a+2b+1)^2$
$=a^2+(2b)^2+1^2+2\times a\times2b$
$+2\times2b\times1+2\times1\times a$
$=\boldsymbol{a^2+4b^2+4ab+2a+4b+1}$

(2) $(3a-2b+1)^2$
$=(3a)^2+(-2b)^2+1^2$
$+2\times3a\times(-2b)+2\times(-2b)\times1+2\times1\times3a$
$=\boldsymbol{9a^2+4b^2-12ab+6a-4b+1}$

(3) $(a-b-c)^2$
$=a^2+(-b)^2+(-c)^2+2\times a\times(-b)$
$+2\times(-b)\times(-c)+2\times(-c)\times a$
$=\boldsymbol{a^2+b^2+c^2-2ab+2bc-2ca}$

(4) $(2x-y+3z)^2$
$=(2x)^2+(-y)^2+(3z)^2$
$+2\times2x\times(-y)+2\times(-y)\times3z+2\times3z\times2x$
$=\boldsymbol{4x^2+y^2+9z^2-4xy-6yz+12zx}$

**20** (1) $(-2xy^3)^2\times\left(-\frac{1}{2}x^2y\right)^3$
$=(-2)^2\times x^2\times(y^3)^2\times\left(-\frac{1}{2}\right)^3\times(x^2)^3\times y^3$
$=4\times\left(-\frac{1}{8}\right)\times x^2\times x^{2\times3}\times y^{3\times2}\times y^3$
$=-\frac{1}{2}\times x^{2+6}\times y^{6+3}$
$=\boldsymbol{-\frac{1}{2}x^8y^9}$

(2) $(-3xy^3)^2\times(-2x^3y)^3\times\left(-\frac{1}{3}xy\right)^4$
$=(-3)^2\times x^2\times(y^3)^2\times(-2)^3\times(x^3)^3\times y^3\times\left(-\frac{1}{3}\right)^4\times x^4\times y^4$
$=9\times(-8)\times\frac{1}{81}\times x^2\times x^{3\times3}\times x^4\times y^{3\times2}\times y^3\times y^4$
$=-\frac{8}{9}\times x^{2+9+4}\times y^{6+3+4}$
$=\boldsymbol{-\frac{8}{9}x^{15}y^{13}}$

**21** (1) $(3x-2a)(2x+a)$
$=(3\times2)x^2+\{3\times a+(-2a)\times2\}x$
$+(-2a)\times a$
$=\boldsymbol{6x^2-ax-2a^2}$

(2) $(2ab-1)(3ab+1)$
$=(2\times3)(ab)^2+\{2\times1+(-1)\times3\}ab+(-1)\times1$
$=\boldsymbol{6a^2b^2-ab-1}$

(3) $(x+y-1)(2a-3b)$
$=(x+y-1)\times2a+(x+y-1)\times(-3b)$
$=2ax+2ay-2a-3bx-3by+3b$

$=\boldsymbol{2ax-3bx+2ay-3by-2a+3b}$

(4) $(a^2+3ab+2b^2)(x-y)$

$=(a^2+3ab+2b^2)\times x+(a^2+3ab+2b^2)\times(-y)$

$=\boldsymbol{a^2x+3abx+2b^2x-a^2y-3aby-2b^2y}$

**22** (1) $(a+2)^2-(a-2)^2$

$=(a^2+4a+4)-(a^2-4a+4)$

$=\boldsymbol{8a}$

別解 $(a+2)^2-(a-2)^2$

$=\{(a+2)+(a-2)\}\times\{(a+2)-(a-2)\}$

$=2a\times4$

$=\boldsymbol{8a}$

(2) $(2x+3y)^2+(2x-3y)^2$

$=(4x^2+12xy+9y^2)+(4x^2-12xy+9y^2)$

$=\boldsymbol{8x^2+18y^2}$

(3) $(x+2y)(x-2y)-(x+3y)(x-3y)$

$=(x^2-4y^2)-(x^2-9y^2)$

$=\boldsymbol{5y^2}$

**23** (1) $x+2y=A$ とおくと

$(x+2y+3)(x+2y-3)$

$=(A+3)(A-3)$

$=A^2-9$

$=(x+2y)^2-9$ （$A$ を $x+2y$ にもどす）

$=\boldsymbol{x^2+4xy+4y^2-9}$

(2) $3x+y=A$ とおくと

$(3x+y-5)(3x+y+5)$

$=(A-5)(A+5)$

$=A^2-25$

$=(3x+y)^2-25$ （$A$ を $3x+y$ にもどす）

$=\boldsymbol{9x^2+6xy+y^2-25}$

(3) $x^2-x=A$ とおくと

$(x^2-x+2)(x^2-x-4)$

$=(A+2)(A-4)$

$=A^2-2A-8$

$=(x^2-x)^2-2(x^2-x)-8$ （$A$ を $x^2-x$ にもどす）

$=x^4-2x^3+x^2-2x^2+2x-8$

$=\boldsymbol{x^4-2x^3-x^2+2x-8}$

(4) $x^2+2x=A$ とおくと

$(x^2+2x+1)(x^2+2x+3)$

$=(A+1)(A+3)$

$=A^2+4A+3$

$=(x^2+2x)^2+4(x^2+2x)+3$ （$A$ を $x^2+2x$ にもどす）

$=x^4+4x^3+4x^2+4x^2+8x+3$

$=\boldsymbol{x^4+4x^3+8x^2+8x+3}$

(5) $(x+y-3)(x-y+3)$

$=\{x+(y-3)\}\{x-(y-3)\}$

$y-3=A$ とおくと

$(x+A)(x-A)$

$=x^2-A^2$

$=x^2-(y-3)^2$ （$A$ を $y-3$ にもどす）

$=x^2-(y^2-6y+9)$

$=\boldsymbol{x^2-y^2+6y-9}$

(6) $(3x^2-2x+1)(3x^2+2x+1)$

$=\{(3x^2+1)-2x\}\{(3x^2+1)+2x\}$

$3x^2+1=A$ とおくと

$(A-2x)(A+2x)$

$=A^2-(2x)^2$

$=A^2-4x^2$

$=(3x^2+1)^2-4x^2$ （$A$ を $3x^2+1$ にもどす）

$=9x^4+6x^2+1-4x^2$

$=\boldsymbol{9x^4+2x^2+1}$

**24** (1) $(x^2+9)(x+3)(x-3)$

$=(x^2+9)(x^2-9)$

$=\boldsymbol{x^4-81}$

(2) $(x^2+4y^2)(x+2y)(x-2y)$

$=(x^2+4y^2)(x^2-4y^2)$

$=\boldsymbol{x^4-16y^4}$

(3) $(a^2+b^2)(a+b)(a-b)$

$=(a^2+b^2)(a^2-b^2)$

$=\boldsymbol{a^4-b^4}$

(4) $(4x^2+9y^2)(2x-3y)(2x+3y)$

$=(4x^2+9y^2)(4x^2-9y^2)$

$=\boldsymbol{16x^4-81y^4}$

**25** (1) $(a+2b)^2(a-2b)^2$

$=\{(a+2b)(a-2b)\}^2$

$=(a^2-4b^2)^2$

$=\boldsymbol{a^4-8a^2b^2+16b^4}$

(2) $(3x+2y)^2(3x-2y)^2$

$=\{(3x+2y)(3x-2y)\}^2$

$=(9x^2-4y^2)^2$

$=\boldsymbol{81x^4-72x^2y^2+16y^4}$

(3) $(-2x+y)^2(-2x-y)^2$

$=\{(-2x+y)(-2x-y)\}^2$

$=(4x^2-y^2)^2$

$=\boldsymbol{16x^4-8x^2y^2+y^4}$

(4) $(5x-3y)^2(-3y-5x)^2$

$=(5x-3y)^2\{-(5x+3y)\}^2$

$=(5x-3y)^2(5x+3y)^2$

$=\{(5x-3y)(5x+3y)\}^2$

$=(25x^2-9y^2)^2$
$=\mathbf{625x^4-450x^2y^2+81y^4}$

**26** (1) $(x^2-x+1)(-x^2+4x+3)$
$=-x^4+4x^3+3x^2+x^3-4x^2-3x$
$-x^2+4x+3$
$=-x^4+5x^3-2x^2+x+3$
よって　$x^3$ の係数は **5**

別解　展開式に $x^3$ の項が現れるのは
$x^2\times4x$, $(-x)\times(-x^2)$
すなわち
$4x^3$, $x^3$
であるから　$x^3$ の係数は **5**

(2) $(x^3-x^2+x-2)(2x^2-x+5)$
$=2x^5-x^4+5x^3-2x^4+x^3-5x^2$
$+2x^3-x^2+5x-4x^2+2x-10$
$=2x^5-3x^4+8x^3-10x^2+7x-10$
よって　$x^3$ の係数は **8**

別解　展開式に $x^3$ の項が現れるのは
$x^3\times5$, $(-x^2)\times(-x)$, $x\times2x^2$
すなわち
$5x^3$, $x^3$, $2x^3$
であるから　$x^3$ の係数は **8**

**27** (1) $(x+1)(x-2)(x-1)(x-4)$
$=(x+1)(x-4)\times(x-2)(x-1)$
$=(x^2-3x-4)(x^2-3x+2)$
ここで，$x^2-3x=A$ とおくと
$(A-4)(A+2)$
$=A^2-2A-8$
$=(x^2-3x)^2-2(x^2-3x)-8$ （$A$ を $x^2-3x$ にもどす）
$=x^4-6x^3+9x^2-2x^2+6x-8$
$=\mathbf{x^4-6x^3+7x^2+6x-8}$

(2) $(x+2)(x-2)(x+1)(x+5)$
$=(x+2)(x+1)\times(x-2)(x+5)$
$=(x^2+3x+2)(x^2+3x-10)$
ここで，$x^2+3x=A$ とおくと
$(A+2)(A-10)$
$=A^2-8A-20$
$=(x^2+3x)^2-8(x^2+3x)-20$ （$A$ を $x^2+3x$ にもどす）
$=x^4+6x^3+9x^2-8x^2-24x-20$
$=\mathbf{x^4+6x^3+x^2-24x-20}$

**28** (1) $x^2+3x=x\times x+x\times3=\mathbf{x(x+3)}$
(2) $x^2+x=x\times x+x\times1=\mathbf{x(x+1)}$
(3) $2x^2-x=x\times2x-x\times1=\mathbf{x(2x-1)}$
(4) $4xy^2-xy=xy\times4y-xy\times1$
$=\mathbf{xy(4y-1)}$
(5) $3ab^2-6a^2b=3ab\times b-3ab\times2a$
$=\mathbf{3ab(b-2a)}$
(6) $12x^2y^3-20x^3yz$
$=4x^2y\times3y^2-4x^2y\times5xz$
$=\mathbf{4x^2y(3y^2-5xz)}$

**29** (1) $abx^2-abx+2ab$
$=ab\times x^2-ab\times x+ab\times2$
$=\mathbf{ab(x^2-x+2)}$
(2) $2x^2y+xy^2-3xy$
$=xy\times2x+xy\times y-xy\times3$
$=\mathbf{xy(2x+y-3)}$
(3) $12ab^2-32a^2b+8abc$
$=4ab\times3b-4ab\times8a+4ab\times2c$
$=\mathbf{4ab(3b-8a+2c)}$
(4) $3x^2+6xy-9x$
$=3x\times x+3x\times2y-3x\times3$
$=\mathbf{3x(x+2y-3)}$

**30** (1) $(a+2)x+(a+2)y$
$=\mathbf{(a+2)(x+y)}$
(2) $x(a-3)-2(a-3)$
$=\mathbf{(x-2)(a-3)}$
(3) $(3a-2b)x-(3a-2b)y$
$=\mathbf{(3a-2b)(x-y)}$
(4) $3x(2a-b)-(2a-b)$
$=3x(2a-b)-1\times(2a-b)$
$=\mathbf{(3x-1)(2a-b)}$

**31** (1) $(3a-2)x+(2-3a)y$
$=(3a-2)x-(3a-2)y$
$=\mathbf{(3a-2)(x-y)}$
(2) $x(3a-2b)-y(2b-3a)$
$=x(3a-2b)+y(3a-2b)$
$=\mathbf{(x+y)(3a-2b)}$
(3) $a(x-2y)-b(2y-x)$
$=a(x-2y)+b(x-2y)$
$=\mathbf{(a+b)(x-2y)}$
(4) $(2a+b)x-2a-b$
$=(2a+b)x-(2a+b)$
$=(2a+b)x-(2a+b)\times1$
$=\mathbf{(2a+b)(x-1)}$

**32** (1) $x^2+2x+1$
$=x^2+2\times x\times 1+1^2$
$=\boldsymbol{(x+1)^2}$

(2) $x^2-12x+36$
$=x^2-2\times x\times 6+6^2$
$=\boldsymbol{(x-6)^2}$

(3) $9-6x+x^2$
$=x^2-6x+9$
$=x^2-2\times x\times 3+3^2$
$=\boldsymbol{(x-3)^2}$ 参考 $(3-x)^2$ でもよい。

(4) $x^2+4xy+4y^2$
$=x^2+2\times x\times 2y+(2y)^2$
$=\boldsymbol{(x+2y)^2}$

(5) $4x^2+4xy+y^2$
$=(2x)^2+2\times 2x\times y+y^2$
$=\boldsymbol{(2x+y)^2}$

(6) $9x^2-30xy+25y^2$
$=(3x)^2-2\times 3x\times 5y+(5y)^2$
$=\boldsymbol{(3x-5y)^2}$

**33** (1) $x^2-81=x^2-9^2=\boldsymbol{(x+9)(x-9)}$

(2) $9x^2-16$
$=(3x)^2-4^2=\boldsymbol{(3x+4)(3x-4)}$

(3) $36x^2-25y^2$
$=(6x)^2-(5y)^2$
$=\boldsymbol{(6x+5y)(6x-5y)}$

(4) $49x^2-4y^2$
$=(7x)^2-(2y)^2$
$=\boldsymbol{(7x+2y)(7x-2y)}$

(5) $64x^2-81y^2$
$=(8x)^2-(9y)^2$
$=\boldsymbol{(8x+9y)(8x-9y)}$

(6) $100x^2-9y^2$
$=(10x)^2-(3y)^2$
$=\boldsymbol{(10x+3y)(10x-3y)}$

**34** (1) $x^2+5x+4$
$=x^2+(1+4)x+1\times 4$
$=\boldsymbol{(x+1)(x+4)}$

(2) $x^2+7x+12$
$=x^2+(3+4)x+3\times 4$
$=\boldsymbol{(x+3)(x+4)}$

(3) $x^2-6x+8$
$=x^2+(-2-4)x+(-2)\times(-4)$
$=\boldsymbol{(x-2)(x-4)}$

(4) $x^2-3x-10$
$=x^2+(-5+2)x+(-5)\times 2$
$=\boldsymbol{(x-5)(x+2)}$

(5) $x^2+4x-12$
$=x^2+(-2+6)x+(-2)\times 6$
$=\boldsymbol{(x-2)(x+6)}$

(6) $x^2-8x+15$
$=x^2+(-3-5)x+(-3)\times(-5)$
$=\boldsymbol{(x-3)(x-5)}$

(7) $x^2-3x-54$
$=x^2+(-9+6)x+(-9)\times 6$
$=\boldsymbol{(x-9)(x+6)}$

(8) $x^2+7x-18$
$=x^2+(-2+9)x+(-2)\times 9$
$=\boldsymbol{(x-2)(x+9)}$

(9) $x^2-x-30$
$=x^2+(-6+5)x+(-6)\times 5$
$=\boldsymbol{(x-6)(x+5)}$

**35** (1) $x^2+6xy+8y^2$
$=x^2+(2y+4y)x+2y\times 4y$
$=\boldsymbol{(x+2y)(x+4y)}$

(2) $x^2+7xy+6y^2$
$=x^2+(y+6y)x+y\times 6y$
$=\boldsymbol{(x+y)(x+6y)}$

(3) $x^2-2xy-24y^2$
$=x^2+\{(-6y)+4y\}x+(-6y)\times 4y$
$=\boldsymbol{(x-6y)(x+4y)}$

(4) $x^2+3xy-28y^2$
$=x^2+\{(-4y)+7y\}x+(-4y)\times 7y$
$=\boldsymbol{(x-4y)(x+7y)}$

(5) $x^2-7xy+12y^2$
$=x^2+\{(-3y)+(-4y)\}x+(-3y)\times(-4y)$
$=\boldsymbol{(x-3y)(x-4y)}$

(6) $a^2-ab-20b^2$
$=a^2+\{(-5b)+4b\}a+(-5b)\times 4b$
$=\boldsymbol{(a-5b)(a+4b)}$

(7) $a^2+ab-42b^2$
$=a^2+\{(-6b)+7b\}a+(-6b)\times 7b$
$=\boldsymbol{(a-6b)(a+7b)}$

(8) $a^2-13ab+36b^2$
$=a^2+\{(-4b)+(-9b)\}a+(-4b)\times(-9b)$
$=\boldsymbol{(a-4b)(a-9b)}$

**36** (1) $3x^2+4x+1$
$=\boldsymbol{(x+1)(3x+1)}$

| | | | |
|---|---|---|---|
| 1 | ╳ | 1 → | 3 |
| 3 | | 1 → | 1 |
| 3 | | 1 | 4 |

(2) $2x^2+7x+3$
$=(\boldsymbol{x+3})(\boldsymbol{2x+1})$

$$\begin{array}{ccccc} 1 & \diagdown\!\!\!\!\diagup & 3 & \to & 6 \\ 2 & & 1 & \to & 1 \\ \hline 2 & & 3 & & 7 \end{array}$$

(3) $2x^2-5x+2$
$=(\boldsymbol{x-2})(\boldsymbol{2x-1})$

$$\begin{array}{ccccc} 1 & \diagdown\!\!\!\!\diagup & -2 & \to & -4 \\ 2 & & -1 & \to & -1 \\ \hline 2 & & 2 & & -5 \end{array}$$

(4) $3x^2-8x-3$
$=(\boldsymbol{x-3})(\boldsymbol{3x+1})$

$$\begin{array}{ccccc} 1 & \diagdown\!\!\!\!\diagup & -3 & \to & -9 \\ 3 & & 1 & \to & 1 \\ \hline 3 & & -3 & & -8 \end{array}$$

(5) $3x^2+16x+5$
$=(\boldsymbol{x+5})(\boldsymbol{3x+1})$

$$\begin{array}{ccccc} 1 & \diagdown\!\!\!\!\diagup & 5 & \to & 15 \\ 3 & & 1 & \to & 1 \\ \hline 3 & & 5 & & 16 \end{array}$$

(6) $5x^2-8x+3$
$=(\boldsymbol{x-1})(\boldsymbol{5x-3})$

$$\begin{array}{ccccc} 1 & \diagdown\!\!\!\!\diagup & -1 & \to & -5 \\ 5 & & -3 & \to & -3 \\ \hline 5 & & 3 & & -8 \end{array}$$

(7) $6x^2+x-1$
$=(\boldsymbol{2x+1})(\boldsymbol{3x-1})$

$$\begin{array}{ccccc} 2 & \diagdown\!\!\!\!\diagup & 1 & \to & 3 \\ 3 & & -1 & \to & -2 \\ \hline 6 & & -1 & & 1 \end{array}$$

(8) $5x^2+7x-6$
$=(\boldsymbol{x+2})(\boldsymbol{5x-3})$

$$\begin{array}{ccccc} 1 & \diagdown\!\!\!\!\diagup & 2 & \to & 10 \\ 5 & & -3 & \to & -3 \\ \hline 5 & & -6 & & 7 \end{array}$$

(9) $6x^2+17x+12$
$=(\boldsymbol{2x+3})(\boldsymbol{3x+4})$

$$\begin{array}{ccccc} 2 & \diagdown\!\!\!\!\diagup & 3 & \to & 9 \\ 3 & & 4 & \to & 8 \\ \hline 6 & & 12 & & 17 \end{array}$$

(10) $6x^2+x-15$
$=(\boldsymbol{2x-3})(\boldsymbol{3x+5})$

$$\begin{array}{ccccc} 2 & \diagdown\!\!\!\!\diagup & -3 & \to & -9 \\ 3 & & 5 & \to & 10 \\ \hline 6 & & -15 & & 1 \end{array}$$

(11) $4x^2-4x-15$
$=(\boldsymbol{2x+3})(\boldsymbol{2x-5})$

$$\begin{array}{ccccc} 2 & \diagdown\!\!\!\!\diagup & 3 & \to & 6 \\ 2 & & -5 & \to & -10 \\ \hline 4 & & -15 & & -4 \end{array}$$

(12) $6x^2-11x-35$
$=(\boldsymbol{2x-7})(\boldsymbol{3x+5})$

$$\begin{array}{ccccc} 2 & \diagdown\!\!\!\!\diagup & -7 & \to & -21 \\ 3 & & 5 & \to & 10 \\ \hline 6 & & -35 & & -11 \end{array}$$

**37** (1) $5x^2+6xy+y^2$
$=(\boldsymbol{x+y})(\boldsymbol{5x+y})$

$$\begin{array}{ccccc} 1 & \diagdown\!\!\!\!\diagup & y & \to & 5y \\ 5 & & y & \to & y \\ \hline 5 & & y^2 & & 6y \end{array}$$

(2) $7x^2-13xy-2y^2$
$=(\boldsymbol{x-2y})(\boldsymbol{7x+y})$

$$\begin{array}{ccccc} 1 & \diagdown\!\!\!\!\diagup & -2y & \to & -14y \\ 7 & & y & \to & y \\ \hline 7 & & -2y^2 & & -13y \end{array}$$

(3) $2x^2-7xy+6y^2$
$=(\boldsymbol{x-2y})(\boldsymbol{2x-3y})$

$$\begin{array}{ccccc} 1 & \diagdown\!\!\!\!\diagup & -2y & \to & -4y \\ 2 & & -3y & \to & -3y \\ \hline 2 & & 6y^2 & & -7y \end{array}$$

(4) $6x^2-5xy-6y^2$
$=(\boldsymbol{2x-3y})(\boldsymbol{3x+2y})$

$$\begin{array}{ccccc} 2 & \diagdown\!\!\!\!\diagup & -3y & \to & -9y \\ 3 & & 2y & \to & 4y \\ \hline 6 & & -6y^2 & & -5y \end{array}$$

**38** (1) $x-y=A$ とおくと
$(x-y)^2+2(x-y)-15$
$=A^2+2A-15=(A+5)(A-3)$
$=\{(x-y)+5\}\{(x-y)-3\}$
$=(\boldsymbol{x-y+5})(\boldsymbol{x-y-3})$

(2) $x+2y=A$ とおくと
$(x+2y)^2-3(x+2y)-10$
$=A^2-3A-10=(A+2)(A-5)$
$=\{(x+2y)+2\}\{(x+2y)-5\}$
$=(\boldsymbol{x+2y+2})(\boldsymbol{x+2y-5})$

(3) $2x-y=A$ とおくと
$(2x-y)^2+4(2x-y)+4$
$=A^2+4A+4=(A+2)^2$
$=\{(2x-y)+2\}^2$
$=(\boldsymbol{2x-y+2})^2$

(4) $x-3=A$ とおくと
$2(x-3)^2-7(x-3)+3$
$=2A^2-7A+3$
$=(A-3)(2A-1)$
$=\{(x-3)-3\}\{2(x-3)-1\}$
$=(\boldsymbol{x-6})(\boldsymbol{2x-7})$

$$\begin{array}{ccccc} 1 & \diagdown\!\!\!\!\diagup & -3 & \to & -6 \\ 2 & & -1 & \to & -1 \\ \hline 2 & & 3 & & -7 \end{array}$$

(5) $x+2y=A$ とおくと
$(x+2y)^2+2(x+2y)$
$=A^2+2A$
$=A(A+2)$
$=(x+2y)\{(x+2y)+2\}$
$=(\boldsymbol{x+2y})(\boldsymbol{x+2y+2})$

(6) $2(x-y)^2-x+y$
$=2(x-y)^2-(x-y)$
ここで，$x-y=A$ とおくと
$2A^2-A$
$=A(2A-1)$
$=(x-y)\{2(x-y)-1\}$
$=(\boldsymbol{x-y})(\boldsymbol{2x-2y-1})$

**39** (1) $x^2=A$ とおくと
$x^4-5x^2+4$
$=A^2-5A+4=(A-1)(A-4)$
$=(x^2-1)(x^2-4)$
$=(\boldsymbol{x+1})(\boldsymbol{x-1})(\boldsymbol{x+2})(\boldsymbol{x-2})$

(2) $x^2=A$ とおくと
$x^4-10x^2+9$
$=A^2-10A+9=(A-1)(A-9)$
$=(x^2-1)(x^2-9)$
$=(\boldsymbol{x+1})(\boldsymbol{x-1})(\boldsymbol{x+3})(\boldsymbol{x-3})$

(3) $x^2=A$ とおくと

$x^4-16$
$=A^2-16=(A+4)(A-4)$
$=(x^2+4)(x^2-4)$
$=\boldsymbol{(x^2+4)(x+2)(x-2)}$

(4) $x^2=A$ とおくと
$x^4-81$
$=A^2-81=(A+9)(A-9)$
$=(x^2+9)(x^2-9)$
$=\boldsymbol{(x^2+9)(x+3)(x-3)}$

**40** (1) $x^2+x=A$ とおくと
$(x^2+x)^2-3(x^2+x)+2$
$=A^2-3A+2=(A-2)(A-1)$
$=\{(x^2+x)-2\}\{(x^2+x)-1\}$
$=(x^2+x-2)(x^2+x-1)$
$=\boldsymbol{(x+2)(x-1)(x^2+x-1)}$

(2) $x^2-2x=A$ とおくと
$(x^2-2x)^2-(x^2-2x)-6$
$=A^2-A-6=(A-3)(A+2)$
$=\{(x^2-2x)-3\}\{(x^2-2x)+2\}$
$=(x^2-2x-3)(x^2-2x+2)$
$=\boldsymbol{(x+1)(x-3)(x^2-2x+2)}$

(3) $x^2+5x=A$ とおくと
$(x^2+5x)^2-36=A^2-36$
$=(A+6)(A-6)$
$=\{(x^2+5x)+6\}\{(x^2+5x)-6\}$
$=(x^2+5x+6)(x^2+5x-6)$
$=\boldsymbol{(x+2)(x+3)(x+6)(x-1)}$

(4) $x^2+x=A$ とおくと
$(x^2+x-1)(x^2+x-5)+3$
$=(A-1)(A-5)+3$
$=A^2-6A+8=(A-2)(A-4)$
$=\{(x^2+x)-2\}\{(x^2+x)-4\}$
$=(x^2+x-2)(x^2+x-4)$
$=\boldsymbol{(x+2)(x-1)(x^2+x-4)}$

**41** (1) 最も次数の低い文字 $a$ について整理すると
$2a+2b+ab+b^2$
$=(2+b)a+(2b+b^2)$
$=(b+2)a+b(b+2)=\boldsymbol{(b+2)(a+b)}$

(2) 最も次数の低い文字 $b$ について整理すると
$a^2-3b+ab-3a$
$=(a-3)b+(a^2-3a)$
$=(a-3)b+a(a-3)$
$=(a-3)(b+a)=\boldsymbol{(a-3)(a+b)}$

(3) 最も次数の低い文字 $b$ について整理すると
$a^2+c^2-ab-bc+2ac$
$=(-a-c)b+(a^2+2ac+c^2)$
$=-(a+c)b+(a+c)^2$
$=(a+c)\{-b+(a+c)\}$
$=\boldsymbol{(a+c)(a-b+c)}$

(4) 最も次数の低い文字 $b$ について整理すると
$a^3+b-a^2b-a$
$=(1-a^2)b+(a^3-a)$
$=-(a^2-1)b+a(a^2-1)$
$=(a^2-1)(-b+a)$
$=\boldsymbol{(a+1)(a-1)(a-b)}$

(5) 最も次数の低い文字 $c$ について整理すると
$a^2+ab-2b^2+2bc-2ca$
$=(2b-2a)c+(a^2+ab-2b^2)$
$=2(b-a)c+(a-b)(a+2b)$
$=-2(a-b)c+(a-b)(a+2b)$
$=(a-b)\{-2c+(a+2b)\}$
$=\boldsymbol{(a-b)(a+2b-2c)}$

**42** (1) $bx^2-4a^2by^2$
$=b\times x^2-b\times 4a^2y^2$
$=b(x^2-4a^2y^2)$
$=b\{x^2-(2ay)^2\}$
$=\boldsymbol{b(x+2ay)(x-2ay)}$

(2) $2ax^2-4ax+2a$
$=2a\times x^2-2a\times 2x+2a\times 1$
$=2a(x^2-2x+1)$
$=\boldsymbol{2a(x-1)^2}$

(3) $2a^2x^3+6a^2x^2-20a^2x$
$=2a^2x\times x^2+2a^2x\times 3x-2a^2x\times 10$
$=2a^2x(x^2+3x-10)$
$=\boldsymbol{2a^2x(x+5)(x-2)}$

(4) $x^4+x^3+\frac{1}{4}x^2$
$=\frac{1}{4}x^2\times 4x^2+\frac{1}{4}x^2\times 4x+\frac{1}{4}x^2\times 1$
$=\frac{1}{4}x^2(4x^2+4x+1)$
$=\boldsymbol{\frac{1}{4}x^2(2x+1)^2}$

**43** (1) $x^2(a^2-b^2)+y^2(b^2-a^2)$
$=x^2(a^2-b^2)-y^2(a^2-b^2)$
$=(x^2-y^2)(a^2-b^2)$
$=\boldsymbol{(x+y)(x-y)(a+b)(a-b)}$

(2) $(x+1)a^2-x-1$

$=(x+1)a^2-(x+1)$

$=(x+1)a^2-(x+1)\times 1$

$=(x+1)(a^2-1)$

$=\boldsymbol{(x+1)(a+1)(a-1)}$

## 44

(1) $x^2+(2y+1)x+(y-3)(y+4)$

$=\{x+(y-3)\}\{x+(y+4)\}$

$=\boldsymbol{(x+y-3)(x+y+4)}$

$$\begin{array}{cccc} 1 & y-3 & \to & y-3 \\ 1 & y+4 & \to & y+4 \\ \hline 1 & (y-3)(y+4) & & 2y+1 \end{array}$$

(2) $x^2+(y-2)x-(2y-5)(y-3)$

$=\{x+(2y-5)\}\{x-(y-3)\}$

$=\boldsymbol{(x+2y-5)(x-y+3)}$

$$\begin{array}{cccc} 1 & 2y-5 & \to & 2y-5 \\ 1 & -(y-3) & \to & -y+3 \\ \hline 1 & -(2y-5)(y-3) & & y-2 \end{array}$$

(3) $x^2+3xy+2y^2+x+3y-2$

$=x^2+(3y+1)x+2y^2+3y-2$

$=x^2+(3y+1)x+(y+2)(2y-1)$

$=\{x+(y+2)\}\{x+(2y-1)\}$

$=\boldsymbol{(x+y+2)(x+2y-1)}$

$$\begin{array}{cccc} 1 & y+2 & \to & y+2 \\ 1 & 2y-1 & \to & 2y-1 \\ \hline 1 & (y+2)(2y-1) & & 3y+1 \end{array}$$

(4) $2x^2-3xy-2y^2+x+3y-1$

$=2x^2+(-3y+1)x-(2y^2-3y+1)$

$=2x^2+(-3y+1)x-(y-1)(2y-1)$

$=\{x-(2y-1)\}\{2x+(y-1)\}$

$=\boldsymbol{(x-2y+1)(2x+y-1)}$

$$\begin{array}{cccc} 1 & -(2y-1) & \to & -4y+2 \\ 2 & y-1 & \to & y-1 \\ \hline 2 & -(2y-1)(y-1) & & -3y+1 \end{array}$$

(5) $2x^2+5xy+2y^2+5x+y-3$

$=2x^2+(5y+5)x+2y^2+y-3$

$=2x^2+(5y+5)x+(2y+3)(y-1)$

$=\{x+(2y+3)\}\{2x+(y-1)\}$

$=\boldsymbol{(x+2y+3)(2x+y-1)}$

$$\begin{array}{cccc} 1 & 2y+3 & \to & 4y+6 \\ 2 & y-1 & \to & y-1 \\ \hline 2 & (2y+3)(y-1) & & 5y+5 \end{array}$$

(6) $6x^2-7xy+2y^2-6x+5y-12$

$=6x^2+(-7y-6)x+2y^2+5y-12$

$=6x^2+(-7y-6)x+(y+4)(2y-3)$

$=\{2x-(y+4)\}\{3x-(2y-3)\}$

$=\boldsymbol{(2x-y-4)(3x-2y+3)}$

$$\begin{array}{cccc} 2 & -(y+4) & \to & -3y-12 \\ 3 & -(2y-3) & \to & -4y+6 \\ \hline 6 & (y+4)(2y-3) & & -7y-6 \end{array}$$

別解　$y$について整理し，因数分解してもよい。

$6x^2-7xy+2y^2-6x+5y-12$

$=2y^2+(-7x+5)y+6x^2-6x-12$

$=2y^2+(-7x+5)y+6(x+1)(x-2)$

$=\{y-2(x-2)\}\{2y-3(x+1)\}$

$=\boldsymbol{(y-2x+4)(2y-3x-3)}$

$$\begin{array}{cccc} 1 & -2(x-2) & \to & -4x+8 \\ 2 & -3(x+1) & \to & -3x-3 \\ \hline 2 & 6(x+1)(x-2) & & -7x+5 \end{array}$$

## 45

(1) $(x-2)^2-y^2$

$=\{(x-2)+y\}\{(x-2)-y\}$

$=\boldsymbol{(x+y-2)(x-y-2)}$

(2) $x^2+6x+9-16y^2$

$=(x+3)^2-(4y)^2$

$=\{(x+3)+4y\}\{(x+3)-4y\}$

$=\boldsymbol{(x+4y+3)(x-4y+3)}$

(3) $4x^2-y^2-8y-16$

$=(2x)^2-(y^2+8y+16)$

$=(2x)^2-(y+4)^2$

$=\{2x+(y+4)\}\{2x-(y+4)\}$

$=\boldsymbol{(2x+y+4)(2x-y-4)}$

(4) $9x^2-y^2+4y-4$

$=(3x)^2-(y^2-4y+4)$

$=(3x)^2-(y-2)^2$

$=\{3x+(y-2)\}\{3x-(y-2)\}$

$=\boldsymbol{(3x+y-2)(3x-y+2)}$

## 46

考え方　$x$について降べきの順に整理する。

$x^2(y-z)+y^2(z-x)+z^2(x-y)$

$=(y-z)x^2+y^2z-y^2x+z^2x-z^2y$

$=(y-z)x^2-(y^2-z^2)x+(y^2z-yz^2)$

$=(y-z)x^2-(y+z)(y-z)x+yz(y-z)$

$=(y-z)\{x^2-(y+z)x+yz\}$

$=(y-z)(x-y)(x-z)$

$=\boldsymbol{-(x-y)(y-z)(z-x)}$

## 47

(1) $x^4+2x^2+9$

$=(x^4+6x^2+9)-4x^2$

$=(x^2+3)^2-(2x)^2$

$=\{(x^2+3)+2x\}\{(x^2+3)-2x\}$

$=\boldsymbol{(x^2+2x+3)(x^2-2x+3)}$

(2) $x^4-3x^2+1$

$=(x^4-2x^2+1)-x^2$
$=(x^2-1)^2-x^2$
$=\{(x^2-1)+x\}\{(x^2-1)-x\}$
$=\boldsymbol{(x^2+x-1)(x^2-x-1)}$

(3) $x^4-8x^2+4$
$=(x^4-4x^2+4)-4x^2$
$=(x^2-2)^2-(2x)^2$
$=\{(x^2-2)+2x\}\{(x^2-2)-2x\}$
$=\boldsymbol{(x^2+2x-2)(x^2-2x-2)}$

(4) $x^4+64$
$=(x^4+16x^2+64)-16x^2$
$=(x^2+8)^2-(4x)^2$
$=\{(x^2+8)+4x\}\{(x^2+8)-4x\}$
$=\boldsymbol{(x^2+4x+8)(x^2-4x+8)}$

**48** (1) $(x+1)(x+2)(x+3)(x+4)-24$
$=(x+1)(x+4)(x+2)(x+3)-24$
$=\{(x^2+5x)+4\}\{(x^2+5x)+6\}-24$
$=(x^2+5x)^2+10(x^2+5x)+24-24$
$=(x^2+5x)^2+10(x^2+5x)$
$=(x^2+5x)(x^2+5x+10)$
$=\boldsymbol{x(x+5)(x^2+5x+10)}$

(2) $(x-1)(x-3)(x-5)(x-7)-9$
$=(x-1)(x-7)(x-3)(x-5)-9$
$=\{(x^2-8x)+7\}\{(x^2-8x)+15\}-9$
$=(x^2-8x)^2+22(x^2-8x)+105-9$
$=(x^2-8x)^2+22(x^2-8x)+96$
$=(x^2-8x+6)(x^2-8x+16)$
$=\boldsymbol{(x^2-8x+6)(x-4)^2}$

**49** (1) $(x+3)^3$
$=x^3+3\times x^2\times 3+3\times x\times 3^2+3^3$
$=\boldsymbol{x^3+9x^2+27x+27}$

(2) $(a-2)^3$
$=a^3-3\times a^2\times 2+3\times a\times 2^2-2^3$
$=\boldsymbol{a^3-6a^2+12a-8}$

(3) $(3x+1)^3$
$=(3x)^3+3\times(3x)^2\times 1+3\times 3x\times 1^2+1^3$
$=\boldsymbol{27x^3+27x^2+9x+1}$

(4) $(2x-1)^3$
$=(2x)^3-3\times(2x)^2\times 1+3\times 2x\times 1^2-1^3$
$=\boldsymbol{8x^3-12x^2+6x-1}$

(5) $(2x+3y)^3$
$=(2x)^3+3\times(2x)^2\times 3y+3\times 2x\times(3y)^2+(3y)^3$
$=\boldsymbol{8x^3+36x^2y+54xy^2+27y^3}$

(6) $(-a+2b)^3$
$=(-a)^3+3\times(-a)^2\times 2b$
$\quad+3\times(-a)\times(2b)^2+(2b)^3$
$=\boldsymbol{-a^3+6a^2b-12ab^2+8b^3}$

参考 $(-a+2b)^3=(2b-a)^3$ と変形してから展開してもよい。

**50** (1) $(x+3)(x^2-3x+9)$
$=(x+3)(x^2-x\times 3+3^2)$
$=x^3+3^3$
$=\boldsymbol{x^3+27}$

(2) $(x-1)(x^2+x+1)$
$=(x-1)(x^2+x\times 1+1^2)$
$=x^3-1^3$
$=\boldsymbol{x^3-1}$

(3) $(3x-2)(9x^2+6x+4)$
$=(3x-2)\{(3x)^2+(3x)\times 2+2^2\}$
$=(3x)^3-2^3$
$=\boldsymbol{27x^3-8}$

(4) $(x+4y)(x^2-4xy+16y^2)$
$=(x+4y)\{x^2-x\times 4y+(4y)^2\}$
$=x^3+(4y)^3$
$=\boldsymbol{x^3+64y^3}$

**51** (1) $x^3+8$
$=x^3+2^3=(x+2)(x^2-x\times 2+2^2)$
$=\boldsymbol{(x+2)(x^2-2x+4)}$

(2) $27x^3-1$
$=(3x)^3-1^3$
$=(3x-1)\{(3x)^2+3x\times 1+1^2\}$
$=\boldsymbol{(3x-1)(9x^2+3x+1)}$

(3) $27x^3+8y^3$
$=(3x)^3+(2y)^3$
$=(3x+2y)\{(3x)^2-3x\times 2y+(2y)^2\}$
$=\boldsymbol{(3x+2y)(9x^2-6xy+4y^2)}$

(4) $64x^3-27y^3$
$=(4x)^3-(3y)^3$
$=(4x-3y)\{(4x)^2+4x\times 3y+(3y)^2\}$
$=\boldsymbol{(4x-3y)(16x^2+12xy+9y^2)}$

(5) $x^3-y^3z^3$
$=x^3-(yz)^3$
$=(x-yz)\{x^2+x\times yz+(yz)^2\}$
$=\boldsymbol{(x-yz)(x^2+xyz+y^2z^2)}$

(6) $(a-b)^3-c^3$
$a-b=A$ とおくと
$A^3-c^3$
$=(A-c)(A^2+Ac+c^2)$

$=\{(a-b)-c\}\{(a-b)^2+(a-b)\times c+c^2\}$
$=(a-b-c)(a^2-2ab+b^2+ac-bc+c^2)$
$=\boldsymbol{(a-b-c)(a^2+b^2+c^2-2ab-bc+ca)}$

**52** (1) $x^4y-xy^4$
$=xy(x^3-y^3)$
$=\boldsymbol{xy(x-y)(x^2+xy+y^2)}$

(2) $x^3=A$, $y^3=B$ とおくと
$x^6-y^6$
$=A^2-B^2=(A+B)(A-B)$
$=(x^3+y^3)(x^3-y^3)$
$=(x+y)(x^2-xy+y^2)(x-y)(x^2+xy+y^2)$
$=\boldsymbol{(x+y)(x-y)(x^2-xy+y^2)(x^2+xy+y^2)}$

**53** (1) $\dfrac{7}{4}=7\div4=\mathbf{1.75}$

(2) $\dfrac{7}{5}=7\div5=\mathbf{1.4}$

(3) $\dfrac{5}{3}=5\div3=\mathbf{1.666666\cdots\cdots}$

(4) $\dfrac{1}{12}=1\div12=\mathbf{0.083333\cdots\cdots}$

**54** (1) $\dfrac{4}{9}=0.444444\cdots\cdots=\mathbf{0.\dot{4}}$

(2) $\dfrac{10}{3}=3.333333\cdots\cdots=\mathbf{3.\dot{3}}$

(3) $\dfrac{13}{33}=0.393939\cdots\cdots=\mathbf{0.\dot{3}\dot{9}}$

(4) $\dfrac{33}{7}=4.714285714285\cdots\cdots$
$=\mathbf{4.\dot{7}1428\dot{5}}$

**55**

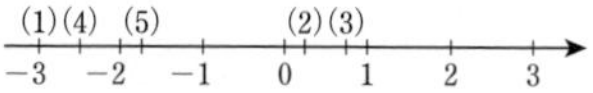


**56** (1) $|3|=\mathbf{3}$

(2) $|-6|=-(-6)=\mathbf{6}$

(3) $|-3.1|=-(-3.1)=\mathbf{3.1}$

(4) $\left|\dfrac{1}{2}\right|=\dfrac{\mathbf{1}}{\mathbf{2}}$

(5) $\left|-\dfrac{3}{5}\right|=-\left(-\dfrac{3}{5}\right)=\dfrac{\mathbf{3}}{\mathbf{5}}$

(6) $\sqrt{7}>\sqrt{6}$ であるから $\sqrt{7}-\sqrt{6}>0$
よって $|\sqrt{7}-\sqrt{6}|=\boldsymbol{\sqrt{7}-\sqrt{6}}$

(7) $\sqrt{2}<\sqrt{5}$ であるから $\sqrt{2}-\sqrt{5}<0$
よって $|\sqrt{2}-\sqrt{5}|=-(\sqrt{2}-\sqrt{5})$
$=\boldsymbol{\sqrt{5}-\sqrt{2}}$

(8) $3=\sqrt{9}$ より $3-\sqrt{3}>0$ であるから
$|3-\sqrt{3}|=\boldsymbol{3-\sqrt{3}}$

(9) $3=\sqrt{9}$ より $3-\sqrt{10}<0$ であるから
$|3-\sqrt{10}|=-(3-\sqrt{10})$
$=\boldsymbol{\sqrt{10}-3}$

**57** ①自然数は **5**　②整数は **−3, 0, 5**
③有理数は **−3, 0,** $\dfrac{\mathbf{22}}{\mathbf{3}}$**,** $-\dfrac{\mathbf{1}}{\mathbf{4}}$**, 5,** $\mathbf{0.\dot{5}}$
④無理数は $\boldsymbol{\sqrt{3}}$**,** $\boldsymbol{\pi}$

**58** (1) **正しくない**
たとえば，$3-5=-2$ となり，負の整数の場合がある。

(2) **正しい**

**59** (1) $x=0.\dot{3}=0.333\cdots\cdots$ とおくと
$10x=3.333\cdots\cdots$ ……①
$x=0.333\cdots\cdots$ ……②
①−② より $9x=3$
よって $x=\dfrac{3}{9}=\dfrac{\mathbf{1}}{\mathbf{3}}$

(2) $x=0.\dot{1}\dot{2}=0.121212\cdots\cdots$ とおくと
$100x=12.121212\cdots\cdots$ ……①
$x=\ \ 0.121212\cdots\cdots$ ……②
①−② より $99x=12$
よって $x=\dfrac{12}{99}=\dfrac{\mathbf{4}}{\mathbf{33}}$

(3) $x=1.1\dot{3}\dot{6}=1.13636\cdots\cdots$ とおくと
$100x=113.63636\cdots\cdots$ ……①
$x=\ \ 1.13636\cdots\cdots$ ……②
①−② より $99x=112.5$
よって $x=\dfrac{1125}{990}=\dfrac{\mathbf{25}}{\mathbf{22}}$

(4) $x=1.2\dot{3}=1.23333\cdots\cdots$ とおくと
$10x=12.3333\cdots\cdots$ ……①
$x=\ \ 1.2333\cdots\cdots$ ……②
①−② より $9x=11.1$
よって $x=\dfrac{111}{90}=\dfrac{\mathbf{37}}{\mathbf{30}}$

**60** (1) $|2a-3|-|4-3a|$
$=|2\times2-3|-|4-3\times2|=|1|-|-2|$
$=1-2=\mathbf{-1}$

(2) $|2a-3|-|4-3a|$
$=|2\times1-3|-|4-3\times1|=|-1|-|1|=1-1=\mathbf{0}$

(3) $|2a-3|-|4-3a|$
$=|2\times0-3|-|4-3\times0|=|-3|-|4|$
$=3-4=\mathbf{-1}$

(4) $|2a-3|-|4-3a|$
$=|2\times(-1)-3|-|4-3\times(-1)|=|-5|-|7|$
$=5-7=\mathbf{-2}$

**61** (1) 7の平方根は $\sqrt{7}$ と $-\sqrt{7}$，
すなわち　$\boldsymbol{\pm\sqrt{7}}$

(2) $\sqrt{36}=\mathbf{6}$

(3) $\dfrac{1}{9}$ の平方根は $\dfrac{1}{3}$ と $-\dfrac{1}{3}$，すなわち　$\boldsymbol{\pm\dfrac{1}{3}}$

(4) $\sqrt{\dfrac{1}{4}}=\mathbf{\dfrac{1}{2}}$

**62** (1) $\sqrt{7^2}=\mathbf{7}$

(2) $\sqrt{(-3)^2}=-(-3)=\mathbf{3}$

(3) $\sqrt{\left(\dfrac{2}{3}\right)^2}=\mathbf{\dfrac{2}{3}}$

(4) $\sqrt{\left(-\dfrac{5}{8}\right)^2}=-\left(-\dfrac{5}{8}\right)=\mathbf{\dfrac{5}{8}}$

**63** (1) $\sqrt{3}\times\sqrt{5}=\sqrt{3\times5}=\boldsymbol{\sqrt{15}}$

(2) $\sqrt{6}\times\sqrt{7}=\sqrt{6\times7}=\boldsymbol{\sqrt{42}}$

(3) $\sqrt{2}\times\sqrt{3}\times\sqrt{5}=\sqrt{2\times3\times5}=\boldsymbol{\sqrt{30}}$

(4) $\dfrac{\sqrt{10}}{\sqrt{5}}=\sqrt{\dfrac{10}{5}}=\boldsymbol{\sqrt{2}}$

(5) $\dfrac{\sqrt{30}}{\sqrt{6}}=\sqrt{\dfrac{30}{6}}=\boldsymbol{\sqrt{5}}$

(6) $\sqrt{12}\div\sqrt{3}=\dfrac{\sqrt{12}}{\sqrt{3}}=\sqrt{\dfrac{12}{3}}=\sqrt{4}=\mathbf{2}$

**64** (1) $\sqrt{8}=\sqrt{2^2\times2}=\boldsymbol{2\sqrt{2}}$

(2) $\sqrt{24}=\sqrt{2^2\times6}=\boldsymbol{2\sqrt{6}}$

(3) $\sqrt{28}=\sqrt{2^2\times7}=\boldsymbol{2\sqrt{7}}$

(4) $\sqrt{32}=\sqrt{4^2\times2}=\boldsymbol{4\sqrt{2}}$

(5) $\sqrt{63}=\sqrt{3^2\times7}=\boldsymbol{3\sqrt{7}}$

(6) $\sqrt{98}=\sqrt{7^2\times2}=\boldsymbol{7\sqrt{2}}$

**65** (1) $\sqrt{3}\times\sqrt{15}$
$=\sqrt{3\times15}=\sqrt{3\times3\times5}$
$=\sqrt{3^2\times5}=\boldsymbol{3\sqrt{5}}$

(2) $\sqrt{6}\times\sqrt{2}$
$=\sqrt{6\times2}=\sqrt{2\times3\times2}$
$=\sqrt{2^2\times3}=\boldsymbol{2\sqrt{3}}$

(3) $\sqrt{6}\times\sqrt{12}$
$=\sqrt{6\times12}=\sqrt{6\times2\times6}$
$=\sqrt{6^2\times2}=\boldsymbol{6\sqrt{2}}$

(4) $\sqrt{5}\times\sqrt{20}$
$=\sqrt{5\times20}=\sqrt{5\times4\times5}$
$=\sqrt{5^2\times2^2}=5\times2=\mathbf{10}$

**66** (1) $3\sqrt{3}-\sqrt{3}=(3-1)\sqrt{3}=\boldsymbol{2\sqrt{3}}$

(2) $\sqrt{2}-2\sqrt{2}+5\sqrt{2}=(1-2+5)\sqrt{2}=\boldsymbol{4\sqrt{2}}$

(3) $\sqrt{18}-\sqrt{32}=3\sqrt{2}-4\sqrt{2}$
$=(3-4)\sqrt{2}=\boldsymbol{-\sqrt{2}}$

(4) $\sqrt{12}+\sqrt{48}-5\sqrt{3}$
$=2\sqrt{3}+4\sqrt{3}-5\sqrt{3}$
$=(2+4-5)\sqrt{3}$
$=\boldsymbol{\sqrt{3}}$

(5) $(3\sqrt{2}-3\sqrt{3})+(\sqrt{2}+2\sqrt{3})$
$=3\sqrt{2}-3\sqrt{3}+\sqrt{2}+2\sqrt{3}$
$=(3+1)\sqrt{2}+(-3+2)\sqrt{3}$
$=\boldsymbol{4\sqrt{2}-\sqrt{3}}$

(6) $(\sqrt{20}-\sqrt{8})-(\sqrt{5}-\sqrt{32})$
$=(2\sqrt{5}-2\sqrt{2})-(\sqrt{5}-4\sqrt{2})$
$=2\sqrt{5}-2\sqrt{2}-\sqrt{5}+4\sqrt{2}$
$=(-2+4)\sqrt{2}+(2-1)\sqrt{5}$
$=\boldsymbol{2\sqrt{2}+\sqrt{5}}$

**67** (1) $(3\sqrt{2}-\sqrt{3})(\sqrt{2}+2\sqrt{3})$
$=3\times(\sqrt{2})^2+3\sqrt{2}\times2\sqrt{3}-\sqrt{3}\times\sqrt{2}-2\times(\sqrt{3})^2$
$=3\times2+6\sqrt{6}-\sqrt{6}-2\times3$
$=6+(6-1)\sqrt{6}-6$
$=\boldsymbol{5\sqrt{6}}$

(2) $(2\sqrt{2}-\sqrt{5})(3\sqrt{2}+2\sqrt{5})$
$=2\times3\times(\sqrt{2})^2+2\sqrt{2}\times2\sqrt{5}-\sqrt{5}\times3\sqrt{2}$
$\quad-2\times(\sqrt{5})^2$
$=6\times2+4\sqrt{10}-3\sqrt{10}-2\times5$
$=12+(4-3)\sqrt{10}-10$
$=\boldsymbol{2+\sqrt{10}}$

(3) $(\sqrt{3}+2)^2$
$=(\sqrt{3})^2+2\times\sqrt{3}\times2+2^2$
$=3+4\sqrt{3}+4$
$=\boldsymbol{7+4\sqrt{3}}$

(4) $(\sqrt{3}+\sqrt{7})^2$
$=(\sqrt{3})^2+2\times\sqrt{3}\times\sqrt{7}+(\sqrt{7})^2$
$=3+2\sqrt{21}+7$

$=\mathbf{10+2\sqrt{21}}$

(5) $(\sqrt{2}-1)^2$

$=(\sqrt{2})^2-2\times\sqrt{2}\times1+1^2$

$=2-2\sqrt{2}+1$

$=\mathbf{3-2\sqrt{2}}$

(6) $(2\sqrt{3}-2\sqrt{2})^2$

$=(2\sqrt{3})^2-2\times2\sqrt{3}\times2\sqrt{2}+(2\sqrt{2})^2$

$=12-8\sqrt{6}+8$

$=\mathbf{20-8\sqrt{6}}$

(7) $(\sqrt{7}+\sqrt{2})(\sqrt{7}-\sqrt{2})$

$=(\sqrt{7})^2-(\sqrt{2})^2=7-2=\mathbf{5}$

**68** (1) $\dfrac{\sqrt{2}}{\sqrt{5}}=\dfrac{\sqrt{2}\times\sqrt{5}}{\sqrt{5}\times\sqrt{5}}=\mathbf{\dfrac{\sqrt{10}}{5}}$

(2) $\dfrac{8}{\sqrt{2}}=\dfrac{8\times\sqrt{2}}{\sqrt{2}\times\sqrt{2}}=\dfrac{8\sqrt{2}}{2}=\mathbf{4\sqrt{2}}$

(3) $\dfrac{9}{\sqrt{3}}=\dfrac{9\times\sqrt{3}}{\sqrt{3}\times\sqrt{3}}=\dfrac{9\sqrt{3}}{3}=\mathbf{3\sqrt{3}}$

(4) $\dfrac{3}{2\sqrt{3}}=\dfrac{3\times\sqrt{3}}{2\sqrt{3}\times\sqrt{3}}=\dfrac{3\sqrt{3}}{2\times3}=\mathbf{\dfrac{\sqrt{3}}{2}}$

(5) $\dfrac{\sqrt{5}}{\sqrt{27}}=\dfrac{\sqrt{5}}{3\sqrt{3}}=\dfrac{\sqrt{5}\times\sqrt{3}}{3\sqrt{3}\times\sqrt{3}}=\dfrac{\sqrt{15}}{3\times3}=\mathbf{\dfrac{\sqrt{15}}{9}}$

**69** (1) $\dfrac{1}{\sqrt{5}-\sqrt{3}}$

$=\dfrac{\sqrt{5}+\sqrt{3}}{(\sqrt{5}-\sqrt{3})(\sqrt{5}+\sqrt{3})}$

$=\dfrac{\sqrt{5}+\sqrt{3}}{(\sqrt{5})^2-(\sqrt{3})^2}$

$=\dfrac{\sqrt{5}+\sqrt{3}}{5-3}$

$=\mathbf{\dfrac{\sqrt{5}+\sqrt{3}}{2}}$

(2) $\dfrac{4}{\sqrt{7}+\sqrt{3}}$

$=\dfrac{4(\sqrt{7}-\sqrt{3})}{(\sqrt{7}+\sqrt{3})(\sqrt{7}-\sqrt{3})}$

$=\dfrac{4(\sqrt{7}-\sqrt{3})}{(\sqrt{7})^2-(\sqrt{3})^2}$

$=\dfrac{4(\sqrt{7}-\sqrt{3})}{7-3}$

$=\dfrac{4(\sqrt{7}-\sqrt{3})}{4}$

$=\mathbf{\sqrt{7}-\sqrt{3}}$

(3) $\dfrac{2}{\sqrt{3}+1}$

$=\dfrac{2(\sqrt{3}-1)}{(\sqrt{3}+1)(\sqrt{3}-1)}$

$=\dfrac{2(\sqrt{3}-1)}{(\sqrt{3})^2-1^2}$

$=\dfrac{2(\sqrt{3}-1)}{3-1}$

$=\dfrac{2(\sqrt{3}-1)}{2}$

$=\mathbf{\sqrt{3}-1}$

(4) $\dfrac{\sqrt{2}}{2-\sqrt{5}}$

$=\dfrac{\sqrt{2}(2+\sqrt{5})}{(2-\sqrt{5})(2+\sqrt{5})}$

$=\dfrac{\sqrt{2}(2+\sqrt{5})}{2^2-(\sqrt{5})^2}$

$=\dfrac{\sqrt{2}(2+\sqrt{5})}{4-5}$

$=\dfrac{\sqrt{2}(2+\sqrt{5})}{-1}$

$=\mathbf{-2\sqrt{2}-\sqrt{10}}$

(5) $\dfrac{5}{2+\sqrt{3}}$

$=\dfrac{5(2-\sqrt{3})}{(2+\sqrt{3})(2-\sqrt{3})}$

$=\dfrac{5(2-\sqrt{3})}{2^2-(\sqrt{3})^2}$

$=\dfrac{5(2-\sqrt{3})}{4-3}$

$=\dfrac{5(2-\sqrt{3})}{1}$

$=\mathbf{10-5\sqrt{3}}$

(6) $\dfrac{\sqrt{11}-3}{\sqrt{11}+3}$

$=\dfrac{(\sqrt{11}-3)^2}{(\sqrt{11}+3)(\sqrt{11}-3)}$

$=\dfrac{11-6\sqrt{11}+9}{(\sqrt{11})^2-3^2}$

$=\dfrac{20-6\sqrt{11}}{11-9}$

$=\dfrac{2(10-3\sqrt{11})}{2}$

$=\mathbf{10-3\sqrt{11}}$

(7) $\dfrac{3-\sqrt{7}}{3+\sqrt{7}}$

$=\dfrac{(3-\sqrt{7})^2}{(3+\sqrt{7})(3-\sqrt{7})}$

$=\dfrac{9-6\sqrt{7}+7}{3^2-(\sqrt{7})^2}$

$=\dfrac{16-6\sqrt{7}}{9-7}$

$=\dfrac{2(8-3\sqrt{7})}{2}$

$=\mathbf{8-3\sqrt{7}}$

(8) $\dfrac{\sqrt{2}+\sqrt{5}}{\sqrt{2}-\sqrt{5}}$

$=\dfrac{(\sqrt{2}+\sqrt{5})^2}{(\sqrt{2}-\sqrt{5})(\sqrt{2}+\sqrt{5})}$

$=\dfrac{2+2\sqrt{10}+5}{(\sqrt{2})^2-(\sqrt{5})^2}$

$=\dfrac{7+2\sqrt{10}}{2-5}$

$=\dfrac{7+2\sqrt{10}}{-3}$

$=\mathbf{-\dfrac{7+2\sqrt{10}}{3}}$

**70** 考え方 まず根号の中を計算する。
求める値は 0 以上であることに注意する。

(1) $x=7$ のとき

$\sqrt{(x-3)^2}=\sqrt{(7-3)^2}$

$=\sqrt{4^2}=\mathbf{4}$

(2) $x=3$ のとき

$\sqrt{(x-3)^2}=\sqrt{(3-3)^2}$

$=\sqrt{0^2}=\mathbf{0}$

(3) $x=1$ のとき

$\sqrt{(x-3)^2}=\sqrt{(1-3)^2}$

$=\sqrt{(-2)^2}=-(-2)=\mathbf{2}$

別解 $\sqrt{(x-3)^2}=|x-3|$ であるから，$x$ の各値を $|x-3|$ に代入してもよい。

**71** (1) $(\sqrt{32}-\sqrt{75})-(2\sqrt{18}-3\sqrt{12})$

$=(4\sqrt{2}-5\sqrt{3})-(2\times3\sqrt{2}-3\times2\sqrt{3})$

$=4\sqrt{2}-5\sqrt{3}-6\sqrt{2}+6\sqrt{3}$

$=\mathbf{-2\sqrt{2}+\sqrt{3}}$

(2) $(3\sqrt{8}+2\sqrt{12})-(\sqrt{50}-3\sqrt{27})$

$=(3\times2\sqrt{2}+2\times2\sqrt{3})-(5\sqrt{2}-3\times3\sqrt{3})$

$=6\sqrt{2}+4\sqrt{3}-5\sqrt{2}+9\sqrt{3}$

$=\mathbf{\sqrt{2}+13\sqrt{3}}$

(3) $(\sqrt{20}-\sqrt{2})(\sqrt{5}+\sqrt{32})$

$=(2\sqrt{5}-\sqrt{2})(\sqrt{5}+4\sqrt{2})$

$=2\times(\sqrt{5})^2+2\sqrt{5}\times4\sqrt{2}-\sqrt{2}\times\sqrt{5}-4\times(\sqrt{2})^2$

$=2\times5+8\sqrt{10}-\sqrt{10}-4\times2$

$=\mathbf{2+7\sqrt{10}}$

(4) $(\sqrt{27}-\sqrt{32})^2=(3\sqrt{3}-4\sqrt{2})^2$

$=(3\sqrt{3})^2-2\times3\sqrt{3}\times4\sqrt{2}+(4\sqrt{2})^2$

$=27-24\sqrt{6}+32$

$=\mathbf{59-24\sqrt{6}}$

**72** (1) $\dfrac{1}{\sqrt{3}}-\dfrac{1}{\sqrt{12}}-\dfrac{1}{\sqrt{27}}$

$=\dfrac{1}{\sqrt{3}}-\dfrac{1}{2\sqrt{3}}-\dfrac{1}{3\sqrt{3}}$

$=\dfrac{\sqrt{3}}{3}-\dfrac{\sqrt{3}}{6}-\dfrac{\sqrt{3}}{9}$

$=\dfrac{6\sqrt{3}-3\sqrt{3}-2\sqrt{3}}{18}$

$=\mathbf{\dfrac{\sqrt{3}}{18}}$

(2) $\dfrac{1}{3-\sqrt{5}}+\dfrac{1}{3+\sqrt{5}}$

$=\dfrac{3+\sqrt{5}}{(3-\sqrt{5})(3+\sqrt{5})}+\dfrac{3-\sqrt{5}}{(3+\sqrt{5})(3-\sqrt{5})}$

$=\dfrac{3+\sqrt{5}}{3^2-(\sqrt{5})^2}+\dfrac{3-\sqrt{5}}{3^2-(\sqrt{5})^2}$

$=\dfrac{3+\sqrt{5}}{4}+\dfrac{3-\sqrt{5}}{4}$

$=\dfrac{6}{4}=\mathbf{\dfrac{3}{2}}$

(3) $\dfrac{\sqrt{3}}{\sqrt{3}+\sqrt{2}}-\dfrac{\sqrt{2}}{\sqrt{3}-\sqrt{2}}$

$=\dfrac{\sqrt{3}(\sqrt{3}-\sqrt{2})}{(\sqrt{3}+\sqrt{2})(\sqrt{3}-\sqrt{2})}-\dfrac{\sqrt{2}(\sqrt{3}+\sqrt{2})}{(\sqrt{3}-\sqrt{2})(\sqrt{3}+\sqrt{2})}$

$=\dfrac{3-\sqrt{6}}{(\sqrt{3})^2-(\sqrt{2})^2}-\dfrac{\sqrt{6}+2}{(\sqrt{3})^2-(\sqrt{2})^2}$

$=\dfrac{3-\sqrt{6}}{1}-\dfrac{\sqrt{6}+2}{1}$

$=3-\sqrt{6}-\sqrt{6}-2$

$=\mathbf{1-2\sqrt{6}}$

(4) $\dfrac{4}{\sqrt{5}-1}-\dfrac{1}{\sqrt{5}+2}$

$=\dfrac{4(\sqrt{5}+1)}{(\sqrt{5}-1)(\sqrt{5}+1)}-\dfrac{\sqrt{5}-2}{(\sqrt{5}+2)(\sqrt{5}-2)}$

$=\dfrac{4(\sqrt{5}+1)}{(\sqrt{5})^2-1^2}-\dfrac{\sqrt{5}-2}{(\sqrt{5})^2-2^2}$

$=\dfrac{4(\sqrt{5}+1)}{4}-\dfrac{\sqrt{5}-2}{1}$

$=\sqrt{5}+1-\sqrt{5}+2$

$=\mathbf{3}$

**73** (1) $\dfrac{3}{\sqrt{5}-\sqrt{2}}-\dfrac{2}{\sqrt{5}+\sqrt{3}}-\dfrac{1}{\sqrt{3}-\sqrt{2}}$

$=\dfrac{3(\sqrt{5}+\sqrt{2})}{(\sqrt{5}-\sqrt{2})(\sqrt{5}+\sqrt{2})}-\dfrac{2(\sqrt{5}-\sqrt{3})}{(\sqrt{5}+\sqrt{3})(\sqrt{5}-\sqrt{3})}$

$-\dfrac{\sqrt{3}+\sqrt{2}}{(\sqrt{3}-\sqrt{2})(\sqrt{3}+\sqrt{2})}$

$=\dfrac{3(\sqrt{5}+\sqrt{2})}{(\sqrt{5})^2-(\sqrt{2})^2}-\dfrac{2(\sqrt{5}-\sqrt{3})}{(\sqrt{5})^2-(\sqrt{3})^2}$

$-\dfrac{\sqrt{3}+\sqrt{2}}{(\sqrt{3})^2-(\sqrt{2})^2}$

$=\dfrac{3(\sqrt{5}+\sqrt{2})}{3}-\dfrac{2(\sqrt{5}-\sqrt{3})}{2}-\dfrac{\sqrt{3}+\sqrt{2}}{1}$

$=\sqrt{5}+\sqrt{2}-\sqrt{5}+\sqrt{3}-\sqrt{3}-\sqrt{2}$

$=\mathbf{0}$

(2) $\dfrac{\sqrt{3}}{3-\sqrt{6}}+\dfrac{2}{\sqrt{5}+\sqrt{3}}+\dfrac{\sqrt{3}+\sqrt{2}}{5+2\sqrt{6}}$

$=\dfrac{\sqrt{3}(3+\sqrt{6})}{(3-\sqrt{6})(3+\sqrt{6})}+\dfrac{2(\sqrt{5}-\sqrt{3})}{(\sqrt{5}+\sqrt{3})(\sqrt{5}-\sqrt{3})}$

$+\dfrac{(\sqrt{3}+\sqrt{2})(5-2\sqrt{6})}{(5+2\sqrt{6})(5-2\sqrt{6})}$

$=\dfrac{3\sqrt{3}+3\sqrt{2}}{3^2-(\sqrt{6})^2}+\dfrac{2(\sqrt{5}-\sqrt{3})}{(\sqrt{5})^2-(\sqrt{3})^2}$

$+\dfrac{5\sqrt{3}-6\sqrt{2}+5\sqrt{2}-4\sqrt{3}}{5^2-(2\sqrt{6})^2}$

$=\dfrac{3(\sqrt{3}+\sqrt{2})}{3}+\dfrac{2(\sqrt{5}-\sqrt{3})}{2}+\dfrac{\sqrt{3}-\sqrt{2}}{1}$

$=\sqrt{3}+\sqrt{2}+\sqrt{5}-\sqrt{3}+\sqrt{3}-\sqrt{2}$

$=\boldsymbol{\sqrt{3}+\sqrt{5}}$

参考 $5+2\sqrt{6}=(\sqrt{3}+\sqrt{2})^2$ を利用してもよい。

**74** (1) $x+y$

$=\dfrac{\sqrt{3}-1}{\sqrt{3}+1}+\dfrac{\sqrt{3}+1}{\sqrt{3}-1}$

$=\dfrac{(\sqrt{3}-1)^2}{(\sqrt{3}+1)(\sqrt{3}-1)}+\dfrac{(\sqrt{3}+1)^2}{(\sqrt{3}-1)(\sqrt{3}+1)}$

$=\dfrac{4-2\sqrt{3}}{2}+\dfrac{4+2\sqrt{3}}{2}$

$=2-\sqrt{3}+2+\sqrt{3}=\mathbf{4}$

(2) $xy$

$=\dfrac{\sqrt{3}-1}{\sqrt{3}+1}\times\dfrac{\sqrt{3}+1}{\sqrt{3}-1}$

$=\mathbf{1}$

(3) $x^2+y^2$

$=(x+y)^2-2xy$

$=4^2-2\times1$

$=\mathbf{14}$

(4) $x^3+y^3$

$=(x+y)^3-3xy(x+y)$

$=4^3-3\times1\times4$

$=\mathbf{52}$

別解 $x^3+y^3$

$=(x+y)(x^2-xy+y^2)$

$=4(14-1)$

$=4\times13=\mathbf{52}$

(5) $\dfrac{x}{y}+\dfrac{y}{x}=\dfrac{x^2+y^2}{xy}=\dfrac{14}{1}=\mathbf{14}$

**75** (1) $x=\dfrac{2}{\sqrt{3}+1}=\dfrac{2(\sqrt{3}-1)}{(\sqrt{3}+1)(\sqrt{3}-1)}$

$=\dfrac{2(\sqrt{3}-1)}{2}=\boldsymbol{\sqrt{3}-1}$

(2) (1)より　$x=\sqrt{3}-1$

であるから　$x+1=\sqrt{3}$

よって　$(x+1)^2=(\sqrt{3})^2=\mathbf{3}$

(3) $x^2+2x+2=(x+1)^2+1$

$=3+1=\mathbf{4}$

**76** $\dfrac{2}{3-\sqrt{7}}=\dfrac{2(3+\sqrt{7})}{(3-\sqrt{7})(3+\sqrt{7})}=\dfrac{2(3+\sqrt{7})}{2}$

$=3+\sqrt{7}$

ここで，$2<\sqrt{7}<3$ であるから　$5<3+\sqrt{7}<6$

ゆえに　$a=\mathbf{5}$

よって　$b=3+\sqrt{7}-5$

$=\boldsymbol{\sqrt{7}-2}$

**77** (1) $\sqrt{7+2\sqrt{12}}$

$=\sqrt{(4+3)+2\sqrt{4\times3}}$

$=\sqrt{(\sqrt{4}+\sqrt{3})^2}$

$=\sqrt{(2+\sqrt{3})^2}=\boldsymbol{2+\sqrt{3}}$

(2) $\sqrt{9-2\sqrt{14}}$

$=\sqrt{(7+2)-2\sqrt{7\times2}}$

$=\sqrt{(\sqrt{7}-\sqrt{2})^2}$

$=\boldsymbol{\sqrt{7}-\sqrt{2}}$

(3) $\sqrt{8+\sqrt{48}}$

$=\sqrt{8+2\sqrt{12}}$

$=\sqrt{(6+2)+2\sqrt{6\times2}}$

$=\sqrt{(\sqrt{6}+\sqrt{2})^2}$

$=\boldsymbol{\sqrt{6}+\sqrt{2}}$

(4) $\sqrt{5-\sqrt{24}}$

$=\sqrt{5-2\sqrt{6}}$

$=\sqrt{(3+2)-2\sqrt{3\times2}}$
$=\sqrt{(\sqrt{3}-\sqrt{2})^2}$
$=\boldsymbol{\sqrt{3}-\sqrt{2}}$

(5) $\sqrt{15-6\sqrt{6}}$
$=\sqrt{15-2\sqrt{54}}$
$=\sqrt{(9+6)-2\sqrt{9\times6}}$
$=\sqrt{(\sqrt{9}-\sqrt{6})^2}$
$=\sqrt{(3-\sqrt{6})^2}$
$=\boldsymbol{3-\sqrt{6}}$

(6) $\sqrt{11+4\sqrt{6}}$
$=\sqrt{11+2\sqrt{24}}$
$=\sqrt{(8+3)+2\sqrt{8\times3}}$
$=\sqrt{(\sqrt{8}+\sqrt{3})^2}$
$=\sqrt{(2\sqrt{2}+\sqrt{3})^2}$
$=\boldsymbol{2\sqrt{2}+\sqrt{3}}$

**78** (1) $\sqrt{3+\sqrt{5}}$
$=\sqrt{\dfrac{6+2\sqrt{5}}{2}}$
$=\dfrac{\sqrt{6+2\sqrt{5}}}{\sqrt{2}}$
$=\dfrac{\sqrt{(\sqrt{5}+1)^2}}{\sqrt{2}}$
$=\dfrac{\sqrt{5}+1}{\sqrt{2}}$
$=\dfrac{(\sqrt{5}+1)\times\sqrt{2}}{\sqrt{2}\times\sqrt{2}}$
$=\boldsymbol{\dfrac{\sqrt{10}+\sqrt{2}}{2}}$

(2) $\sqrt{4-\sqrt{7}}$
$=\sqrt{\dfrac{8-2\sqrt{7}}{2}}$
$=\dfrac{\sqrt{8-2\sqrt{7}}}{\sqrt{2}}$
$=\dfrac{\sqrt{(\sqrt{7}-1)^2}}{\sqrt{2}}$
$=\dfrac{\sqrt{7}-1}{\sqrt{2}}$
$=\dfrac{(\sqrt{7}-1)\times\sqrt{2}}{\sqrt{2}\times\sqrt{2}}$
$=\boldsymbol{\dfrac{\sqrt{14}-\sqrt{2}}{2}}$

(3) $\sqrt{6+3\sqrt{3}}$
$=\sqrt{\dfrac{12+6\sqrt{3}}{2}}$
$=\dfrac{\sqrt{12+2\sqrt{27}}}{\sqrt{2}}$
$=\dfrac{\sqrt{(\sqrt{9}+\sqrt{3})^2}}{\sqrt{2}}$
$=\dfrac{\sqrt{(3+\sqrt{3})^2}}{\sqrt{2}}$
$=\dfrac{3+\sqrt{3}}{\sqrt{2}}$
$=\dfrac{(3+\sqrt{3})\times\sqrt{2}}{\sqrt{2}\times\sqrt{2}}$
$=\boldsymbol{\dfrac{3\sqrt{2}+\sqrt{6}}{2}}$

(4) $\sqrt{14-5\sqrt{3}}$
$=\sqrt{\dfrac{28-10\sqrt{3}}{2}}$
$=\dfrac{\sqrt{28-2\sqrt{75}}}{\sqrt{2}}$
$=\dfrac{\sqrt{(\sqrt{25}-\sqrt{3})^2}}{\sqrt{2}}$
$=\dfrac{\sqrt{(5-\sqrt{3})^2}}{\sqrt{2}}$
$=\dfrac{5-\sqrt{3}}{\sqrt{2}}$
$=\dfrac{(5-\sqrt{3})\times\sqrt{2}}{\sqrt{2}\times\sqrt{2}}$
$=\boldsymbol{\dfrac{5\sqrt{2}-\sqrt{6}}{2}}$

**79** (1) $\dfrac{1}{\sqrt{2}+\sqrt{3}+\sqrt{5}}$
$=\dfrac{\sqrt{2}+\sqrt{3}-\sqrt{5}}{(\sqrt{2}+\sqrt{3}+\sqrt{5})(\sqrt{2}+\sqrt{3}-\sqrt{5})}$
$=\dfrac{\sqrt{2}+\sqrt{3}-\sqrt{5}}{(\sqrt{2}+\sqrt{3})^2-(\sqrt{5})^2}$
$=\dfrac{\sqrt{2}+\sqrt{3}-\sqrt{5}}{2\sqrt{6}}$
$=\dfrac{(\sqrt{2}+\sqrt{3}-\sqrt{5})\times\sqrt{6}}{2\sqrt{6}\times\sqrt{6}}$
$=\boldsymbol{\dfrac{2\sqrt{3}+3\sqrt{2}-\sqrt{30}}{12}}$

(2) $\dfrac{1}{\sqrt{2}+\sqrt{5}+\sqrt{7}}$
$=\dfrac{\sqrt{2}+\sqrt{5}-\sqrt{7}}{(\sqrt{2}+\sqrt{5}+\sqrt{7})(\sqrt{2}+\sqrt{5}-\sqrt{7})}$

$$=\frac{\sqrt{2}+\sqrt{5}-\sqrt{7}}{(\sqrt{2}+\sqrt{5})^2-(\sqrt{7})^2}$$
$$=\frac{\sqrt{2}+\sqrt{5}-\sqrt{7}}{2\sqrt{10}}$$
$$=\frac{(\sqrt{2}+\sqrt{5}-\sqrt{7})\times\sqrt{10}}{2\sqrt{10}\times\sqrt{10}}$$
$$=\boldsymbol{\frac{2\sqrt{5}+5\sqrt{2}-\sqrt{70}}{20}}$$

**80** (1) $\boldsymbol{x<-2}$　(2) $\boldsymbol{x<3}$
(3) $\boldsymbol{x\leqq 4}$　(4) $\boldsymbol{x>3}$
(5) $\boldsymbol{x\geqq 10}$　(6) $\boldsymbol{-3\leqq x\leqq 3}$
(7) $\boldsymbol{0<x<3}$

**81** (1) $\boldsymbol{2x-3>6}$　(2) $\boldsymbol{\frac{x}{3}+2\leqq 5x}$
(3) $\boldsymbol{-5\leqq -5x-4<3}$　(4) $\boldsymbol{60x+150\times 3<1800}$

**82** (1) $\boldsymbol{a+3<b+3}$　(2) $\boldsymbol{a-5<b-5}$
(3) $\boldsymbol{4a<4b}$　(4) $\boldsymbol{-5a>-5b}$
(5) $\boldsymbol{\frac{a}{5}<\frac{b}{5}}$　(6) $\boldsymbol{-\frac{a}{5}>-\frac{b}{5}}$
(7) $2a<2b$ より　$\boldsymbol{2a-1<2b-1}$
(8) $-3a>-3b$ より　$\boldsymbol{1-3a>1-3b}$

**83** (1)
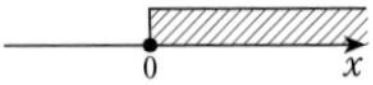

(2)

(3)
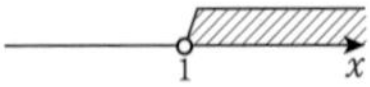

(4)

**84** (1) $x-1>2$
$x>2+1$
$\boldsymbol{x>3}$
(2) $x+5<12$
$x<12-5$
$\boldsymbol{x<7}$
(3) $x+8\leqq 6$
$x\leqq 6-8$
$\boldsymbol{x\leqq -2}$
(4) $x-6\geqq 0$
$x\geqq 0+6$
$\boldsymbol{x\geqq 6}$
(5) $3+x>-2$
$x>-2-3$
$\boldsymbol{x>-5}$
(6) $-2+x\leqq -2$
$x\leqq -2+2$
$\boldsymbol{x\leqq 0}$

**85** (1) $2x-1>3$
移項すると　$2x>3+1$
整理すると　$2x>4$
両辺を 2 で割って
$\boldsymbol{x>2}$
(2) $3x+5<20$
移項すると　$3x<20-5$
整理すると　$3x<15$
両辺を 3 で割って
$\boldsymbol{x<5}$
(3) $4x-1\leqq 6$
移項すると　$4x\leqq 6+1$
整理すると　$4x\leqq 7$
両辺を 4 で割って
$\boldsymbol{x\leqq \frac{7}{4}}$
(4) $2x+1\geqq 0$
移項すると　$2x\geqq 0-1$
整理すると　$2x\geqq -1$
両辺を 2 で割って
$\boldsymbol{x\geqq -\frac{1}{2}}$
(5) $-3x+2\leqq 5$
移項すると　$-3x\leqq 5-2$
整理すると　$-3x\leqq 3$
両辺を $-3$ で割って
$\boldsymbol{x\geqq -1}$
(6) $6-2x\geqq 3$
移項すると　$-2x\geqq 3-6$
整理すると　$-2x\geqq -3$
両辺を $-2$ で割って
$\boldsymbol{x\leqq \frac{3}{2}}$

**86** (1) $7-4x<3-2x$
移項すると　$-4x+2x<3-7$
整理すると　$-2x<-4$
両辺を $-2$ で割って
$\boldsymbol{x>2}$
(2) $7x+1\leqq 2x-4$
移項すると　$7x-2x\leqq -4-1$

整理すると　$5x \leqq -5$
両辺を 5 で割って
　　$\boldsymbol{x \leqq -1}$

(3)　$2x+3<4x+7$
移項すると　$2x-4x<7-3$
整理すると　$-2x<4$
両辺を $-2$ で割って
　　$\boldsymbol{x>-2}$

(4)　$3x+5 \geqq 6x-4$
移項すると　$3x-6x \geqq -4-5$
整理すると　$-3x \geqq -9$
両辺を $-3$ で割って
　　$\boldsymbol{x \leqq 3}$

(5)　$12-x \leqq 3x-2$
移項すると　$-x-3x \leqq -2-12$
整理すると　$-4x \leqq -14$
両辺を $-4$ で割って
　　$\boldsymbol{x \geqq \frac{7}{2}}$

(6)　$2(x-3)>x-5$
　$2x-6>x-5$
移項すると　$2x-x>-5+6$
整理すると　$\boldsymbol{x>1}$

(7)　$7x-18 \geqq 3(x-1)$
　$7x-18 \geqq 3x-3$
移項すると　$7x-3x \geqq -3+18$
整理すると　$4x \geqq 15$
両辺を 4 で割って
　　$\boldsymbol{x \geqq \frac{15}{4}}$

(8)　$5(1-x)<3x-7$
　$5-5x<3x-7$
移項すると　$-5x-3x<-7-5$
整理すると　$-8x<-12$
両辺を $-8$ で割って
　　$\boldsymbol{x>\frac{3}{2}}$

**87**　(1)　$x-1<2-\frac{3}{2}x$
両辺に 2 を掛けると
　$2x-2<4-3x$
移項して整理すると　$5x<6$
両辺を 5 で割って
　　$\boldsymbol{x<\frac{6}{5}}$

(2)　$x+\frac{2}{3} \leqq 1-2x$
両辺に 3 を掛けると
　$3x+2 \leqq 3-6x$
移項して整理すると　$9x \leqq 1$
両辺を 9 で割って
　　$\boldsymbol{x \leqq \frac{1}{9}}$

(3)　$\frac{4}{3}x-\frac{1}{3}>\frac{3}{4}x+\frac{1}{2}$
両辺に 12 を掛けると　←2，3，4の最小公倍数
　$16x-4>9x+6$
移項して整理すると　$7x>10$
両辺を 7 で割って
　　$\boldsymbol{x>\frac{10}{7}}$

(4)　$\frac{3}{2}-\frac{1}{2}x<\frac{2}{3}x-\frac{5}{3}$
両辺に 6 を掛けると　←2，3の最小公倍数
　$9-3x<4x-10$
移項して整理すると　$-7x<-19$
両辺を $-7$ で割って
　　$\boldsymbol{x>\frac{19}{7}}$

(5)　$\frac{1}{2}x+\frac{1}{3}<\frac{3}{4}x-\frac{5}{6}$
両辺に 12 を掛けると　←2，3，4，6の最小公倍数
　$6x+4<9x-10$
移項して整理すると　$-3x<-14$
両辺を $-3$ で割って
　　$\boldsymbol{x>\frac{14}{3}}$

(6)　$\frac{1}{3}x+\frac{7}{6} \geqq \frac{1}{2}x+\frac{1}{3}$
両辺に 6 を掛けると　←2，3，6の最小公倍数
　$2x+7 \geqq 3x+2$
移項して整理すると　$-x \geqq -5$
両辺を $-1$ で割って
　　$\boldsymbol{x \leqq 5}$

**88**　(1)　$0.4x+0.3 \geqq 1.2x+1.9$
両辺に 10 を掛けると
　$4x+3 \geqq 12x+19$
移項して整理すると　$-8x \geqq 16$
両辺を $-8$ で割って
　　$\boldsymbol{x \leqq -2}$

(2)　$0.2x+1 \leqq 0.5x-1.6$

両辺に 10 を掛けると

$2x+10\leqq 5x-16$

移項して整理すると　$-3x\leqq -26$

両辺を $-3$ で割って

$\boldsymbol{x\geqq \frac{26}{3}}$

(3)　$2(1-3x)>\frac{1-5x}{2}$

両辺に 2 を掛けると

$4(1-3x)>1-5x$

$4-12x>1-5x$

移項して整理すると　$-7x>-3$

両辺を $-7$ で割って

$\boldsymbol{x<\frac{3}{7}}$

(4)　$\frac{1}{2}(3x+4)<x-\frac{1}{6}(x+1)$

両辺に 6 を掛けると

$3(3x+4)<6x-(x+1)$

$9x+12<5x-1$

移項して整理すると　$4x<-13$

両辺を 4 で割って

$\boldsymbol{x<-\frac{13}{4}}$

(5)　$\frac{3-2x}{12}>\frac{x+2}{9}-\frac{2x-1}{6}$

両辺に 36 を掛けると

$3(3-2x)>4(x+2)-6(2x-1)$

$9-6x>4x+8-12x+6$

移項して整理すると　$2x>5$

両辺を 2 で割って

$\boldsymbol{x>\frac{5}{2}}$

(6)　$\frac{4x-5}{6}-\frac{x-1}{3}\geqq \frac{2-3x}{5}$

両辺に 30 を掛けると

$5(4x-5)-10(x-1)\geqq 6(2-3x)$

$20x-25-10x+10\geqq 12-18x$

移項して整理すると　$28x\geqq 27$

両辺を 28 で割って

$\boldsymbol{x\geqq \frac{27}{28}}$

(7)　$\frac{x}{3}-\frac{1-2x}{6}<\frac{x-3}{2}+\frac{3}{4}$

両辺に 12 を掛けると

$4x-2(1-2x)<6(x-3)+9$

$4x-2+4x<6x-18+9$

移項して整理すると　$2x<-7$

両辺を 2 で割って

$\boldsymbol{x<-\frac{7}{2}}$

(8)　$\frac{2x-1}{3}-\frac{x-1}{2}\leqq -\frac{3(1+x)}{5}$

両辺に 30 を掛けると

$10(2x-1)-15(x-1)\leqq -18(1+x)$

$20x-10-15x+15\leqq -18-18x$

移項して整理すると　$23x\leqq -23$

両辺を 23 で割って

$\boldsymbol{x\leqq -1}$

**89**　(1)　$8x-2<3(x+2)$

$8x-2<3x+6$

移項して整理すると　$5x<8$

両辺を 5 で割って

$x<\frac{8}{5}$　　$\leftarrow \frac{8}{5}=1.6$

よって，$x<\frac{8}{5}$ を満たす最大の整数は **1** である。

(2)　$\frac{x-25}{4}<\frac{3x-2}{2}$

両辺に 4 を掛けると

$x-25<2(3x-2)$

$x-25<6x-4$

移項して整理すると　$-5x<21$

両辺を $-5$ で割って

$x>-\frac{21}{5}$　　$\leftarrow -\frac{21}{5}=-4.2$

よって，$x>-\frac{21}{5}$ を満たす負の整数は

$-4,\ -3,\ -2,\ -1$

であるから　**4個**

**90**　(1)　$\begin{cases} 4x-3<2x+9 & \cdots\cdots① \\ 3x>x+2 & \cdots\cdots② \end{cases}$

①の不等式を解くと　$2x<12$ より

$x<6$　……③

②の不等式を解くと　$2x>2$ より

$x>1$　……④

③，④より，

連立不等式の解は

**$1<x<6$**

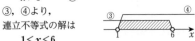

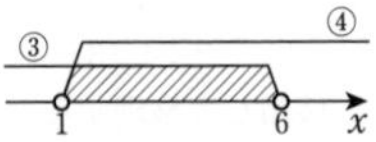


(2)　$\begin{cases} 2x-3<3 & \cdots\cdots① \\ 3x+6>x-2 & \cdots\cdots② \end{cases}$

①の不等式を解くと　$2x<6$ より

$x<3$ ……③

②の不等式を解くと $2x>-8$ より

$x>-4$ ……④

③，④より，

連立不等式の解は

$\boldsymbol{-4<x<3}$

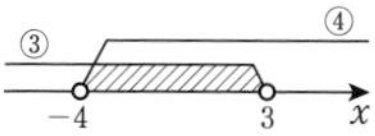


(3) $\begin{cases} 27\geqq 2x+13 & \cdots\cdots① \\ 9\leqq 7+4x & \cdots\cdots② \end{cases}$

①の不等式を解くと $-2x\geqq -14$ より

$x\leqq 7$ ……③

②の不等式を解くと $-4x\leqq -2$

$x\geqq \dfrac{1}{2}$ ……④

③，④より，

連立不等式の解は

$\boldsymbol{\dfrac{1}{2}\leqq x\leqq 7}$

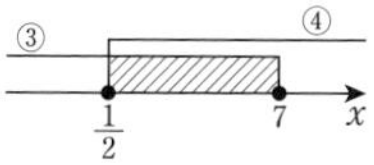


(4) $\begin{cases} x-1<3x+7 & \cdots\cdots① \\ 5x+2<2x-4 & \cdots\cdots② \end{cases}$

①の不等式を解くと $-2x<8$ より

$x>-4$ ……③

②の不等式を解くと $3x<-6$ より

$x<-2$ ……④

③，④より，

連立不等式の解は

$\boldsymbol{-4<x<-2}$

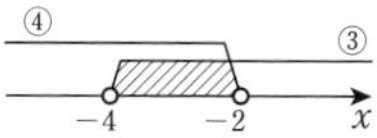


**91** (1) $\begin{cases} 3x+1>5(x-1) & \cdots\cdots① \\ 2(x-1)>5x+4 & \cdots\cdots② \end{cases}$

①の不等式を解くと $3x+1>5x-5$ より

$-2x>-6$

$x<3$ ……③

②の不等式を解くと $2x-2>5x+4$ より

$-3x>6$

$x<-2$ ……④

③，④より，

連立不等式の解は

$\boldsymbol{x<-2}$

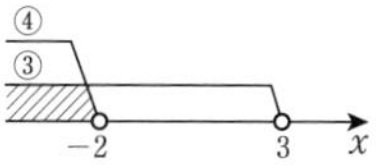


(2) $\begin{cases} 2x-5(x+1)\leqq 1 & \cdots\cdots① \\ x-5\leqq 3x+7 & \cdots\cdots② \end{cases}$

①の不等式を解くと $2x-5x-5\leqq 1$ より

$-3x\leqq 6$

$x\geqq -2$ ……③

②の不等式を解くと $x-3x\leqq 7+5$ より

$-2x\leqq 12$

$x\geqq -6$ ……④

③，④より，

連立不等式の解は

$\boldsymbol{x\geqq -2}$

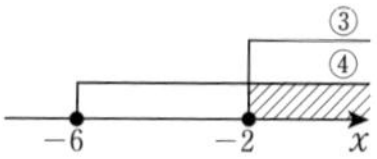


(3) $\begin{cases} 7x-18\geqq 3(x-2) & \cdots\cdots① \\ 2(3-x)\leqq 3(x-5)-9 & \cdots\cdots② \end{cases}$

①の不等式を解くと $7x-18\geqq 3x-6$ より

$4x\geqq 12$

$x\geqq 3$ ……③

②の不等式を解くと $6-2x\leqq 3x-15-9$ より

$-5x\leqq -30$

$x\geqq 6$ ……④

③，④より，

連立不等式の解は

$\boldsymbol{x\geqq 6}$

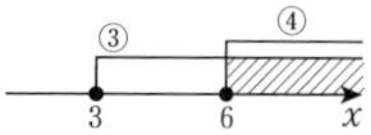


(4) $\begin{cases} x-1<2-\dfrac{3}{2}x & \cdots\cdots① \\ \dfrac{2}{5}x-6\leqq 2(x+1) & \cdots\cdots② \end{cases}$

①の不等式を解くと，両辺に 2 を掛けて

$2x-2<4-3x$

$5x<6$

$x<\dfrac{6}{5}$ ……③

②の不等式を解くと，両辺に 5 を掛けて

$2x-30\leqq 10(x+1)$ より

$2x-30\leqq 10x+10$

$-8x\leqq 40$

$x\geqq -5$ ……④

③，④より，

連立不等式の解は

$\boldsymbol{-5\leqq x<\dfrac{6}{5}}$

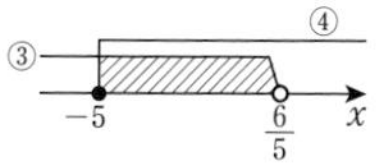


**92** (1) 与えられた不等式は

$\begin{cases} -2\leqq 4x+2 & \cdots\cdots① \\ 4x+2\leqq 10 & \cdots\cdots② \end{cases}$

と表される。

①の不等式を解くと $-4x\leqq 4$ より

$x\geqq -1$ ……③

②の不等式を解くと $4x\leqq 8$ より

$x\leqq 2$ ……④

③，④より，

連立不等式の解は

$\boldsymbol{-1\leqq x\leqq 2}$

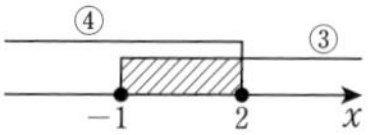


(2) 与えられた不等式は

$\begin{cases} x-7<3x-5 & \cdots\cdots① \\ 3x-5<5-2x & \cdots\cdots② \end{cases}$

と表される。
①の不等式を解くと　$-2x<2$ より
$x>-1$ ……③
②の不等式を解くと　$5x<10$ より
$x<2$ ……④
③，④より，
連立不等式の解は
**$-1<x<2$**

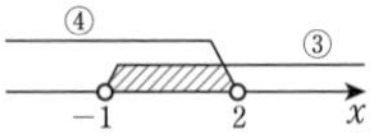


(3)　与えられた不等式は
$$\begin{cases} 3x+2\leqq 5x & \cdots\cdots① \\ 5x\leqq 8x+6 & \cdots\cdots② \end{cases}$$
と表される。
①の不等式を解くと　$-2x\leqq -2$ より
$x\geqq 1$ ……③
②の不等式を解くと　$-3x\leqq 6$ より
$x\geqq -2$ ……④
③，④より，
連立不等式の解は
**$x\geqq 1$**

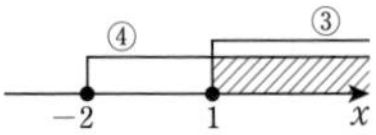


(4)　与えられた不等式は
$$\begin{cases} 3x+4\geqq 2(2x-1) & \cdots\cdots① \\ 2(2x-1)>3(x-1) & \cdots\cdots② \end{cases}$$
と表される。
①の不等式を解くと　$3x+4\geqq 4x-2$ より
$-x\geqq -6$
$x\leqq 6$ ……③
②の不等式を解くと　$4x-2>3x-3$ より
$x>-1$ ……④
③，④より，
連立不等式の解は
**$-1<x\leqq 6$**

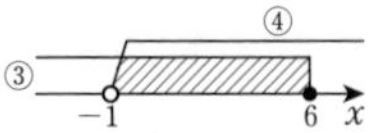


**93**　(1)
$$\begin{cases} \dfrac{x+1}{3}\geqq\dfrac{x-1}{4} & \cdots\cdots① \\ \dfrac{1}{3}x+\dfrac{1}{6}\leqq\dfrac{1}{4}x & \cdots\cdots② \end{cases}$$
①の不等式を解くと，両辺に 12 を掛けて
$4(x+1)\geqq 3(x-1)$　より
$4x+4\geqq 3x-3$
$x\geqq -7$ ……③
②の不等式を解くと，両辺に 12 を掛けて
$4x+2\leqq 3x$　より
$x\leqq -2$ ……④
③，④より，
連立不等式の解は
**$-7\leqq x\leqq -2$**

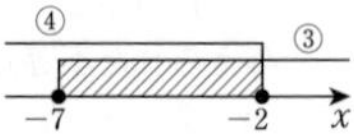


(2)
$$\begin{cases} \dfrac{x-1}{2}<1-\dfrac{3-2x}{5} & \cdots\cdots① \\ 1.8x+4.2>3.1x+0.3 & \cdots\cdots② \end{cases}$$
①の不等式を解くと，両辺に 10 を掛けて
$5(x-1)<10-2(3-2x)$　より
$5x-5<10-6+4x$
$x<9$ ……③
②の不等式を解くと，両辺に 10 を掛けて
$18x+42>31x+3$　より
$-13x>-39$
$x<3$ ……④
③，④より，
連立不等式の解は
**$x<3$**

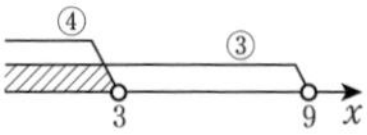


**94**　(1)　130 円のりんごを $x$ 個買うとすると，90 円のりんごは $(15-x)$ 個であるから，
$0\leqq x\leqq 15$ ……①
このとき，合計金額について次の不等式が成り立つ。
$130x+90(15-x)\leqq 1800$
$40x\leqq 450$
$x\leqq 11.25$ ……②
よって，①，②より
$0\leqq x\leqq 11.25$
この範囲における最大の整数は 11 であるから
**130 円のりんごを 11 個，90 円のりんごを 4 個**買えばよい。

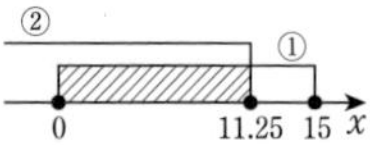


(2)　1 冊 200 円のノートを $x$ 冊買うとすると，1 冊 160 円のノートは $(10-x)$ 冊であるから，
$0\leqq x\leqq 10$ ……①
このとき，合計金額について次の不等式が成り立つ。
$200x+160(10-x)+90\times 2\leqq 2000$
$40x\leqq 220$
$x\leqq 5.5$ ……②
よって，①，②より
$0\leqq x\leqq 5.5$
この範囲における最大の整数は 5 であるから
200 円のノートは最大で **5 冊まで** 買える。

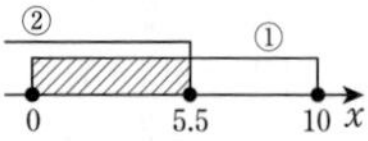


**95**　(1)
$$\begin{cases} 2x+1<3 & \cdots\cdots① \\ x-1<3x+5 & \cdots\cdots② \end{cases}$$
①の不等式を解くと　$2x<2$ より

$x<1$ ……③

②の不等式を解くと $-2x<6$ より

$x>-3$ ……④

③，④より，

連立不等式の解は

$-3<x<1$

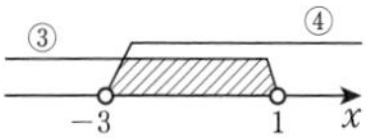


これを満たす整数 $x$ は

**$x=-2,\ -1,\ 0$**

(2) $\begin{cases} x \leqq 4x+3 & \cdots\cdots① \\ x-1<\dfrac{x+2}{4} & \cdots\cdots② \end{cases}$

①の不等式を解くと $-3x \leqq 3$ より

$x \geqq -1$ ……③

②の不等式を解くと，両辺に 4 を掛けて

$4(x-1)<x+2$

$4x-4<x+2$

$3x<6$

$x<2$ ……④

③，④より，

連立不等式の解は

$-1 \leqq x<2$

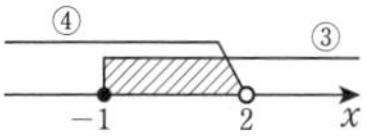


これを満たす整数 $x$ は

**$x=-1,\ 0,\ 1$**

(3) 与えられた不等式は

$\begin{cases} x+7 \leqq 3x+15 & \cdots\cdots① \\ 3x+15<-4x-2 & \cdots\cdots② \end{cases}$

と表される。

①の不等式を解くと $-2x \leqq 8$ より

$x \geqq -4$ ……③

②の不等式を解くと $7x<-17$ より

$x<-\dfrac{17}{7}$ ……④

③，④より，

連立不等式の解は

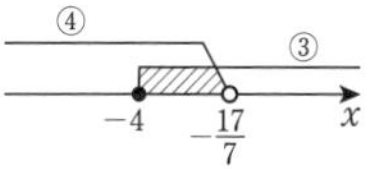


$-4 \leqq x<-\dfrac{17}{7}$ ← $-\dfrac{17}{7}=-2.42\cdots\cdots$

これを満たす整数 $x$ は

**$x=-4,\ -3$**

**96** $4.5 \leqq \dfrac{3x+1}{4}<5.5$

各辺に 4 を掛けると

$18 \leqq 3x+1<22$

$17 \leqq 3x<21$

**$\dfrac{17}{3} \leqq x<7$**

**97** 5％の食塩水 900 g に，水を $x$ g 加えるとする。食塩の量は $900 \times \dfrac{5}{100}=45$ (g) で，できる食塩水の量は $(900+x)$ g である。題意より

$\dfrac{45}{900+x} \leqq \dfrac{3}{100}$

$900+x>0$ より，両辺に $100(900+x)$ を掛けて

$45 \times 100 \leqq 3 \times (900+x)$

$4500 \leqq 2700+3x$

$-3x \leqq -1800$

$x \geqq 600$

よって，水を **600 g 以上** 加えればよい。

**98** (1) **$x=\pm 5$** (2) **$x=\pm 7$**

(3) **$-6<x<6$** (4) **$x<-2,\ 2<x$**

**99** (1) $x-3=\pm 4$

すなわち $x-3=4,\ x-3=-4$

よって **$x=7,\ -1$**

(2) $x+6=\pm 3$

すなわち $x+6=3,\ x+6=-3$

よって **$x=-3,\ -9$**

(3) $3x-6=\pm 9$

すなわち $3x-6=9,\ 3x-6=-9$

よって **$x=5,\ -1$**

別解 両辺を 3 で割って $|x-2|=3$ を解いてもよい。

(4) $-x+2=\pm 4$

すなわち $-x+2=4,\ -x+2=-4$

$-x=2,\ -6$

よって **$x=-2,\ 6$**

(5) $-4 \leqq x+3 \leqq 4$ であるから

各辺に $-3$ を加えて

**$-7 \leqq x \leqq 1$**

(6) $x-1<-5,\ 5<x-1$ より

**$x<-4,\ 6<x$**

**100** (1) $|x+1|=2x$ ……①

(i) $x+1 \geqq 0$ すなわち $x \geqq -1$ のとき

$|x+1|=x+1$ より，①は

$x+1=2x$

これを解くと $x=1$

この値は，$x \geqq -1$ を満たす。

(ii) $x+1<0$ すなわち $x<-1$ のとき

$|x+1|=-x-1$ より，①は

$-x-1=2x$

これを解くと　$x=-\dfrac{1}{3}$

この値は，$x<-1$ を満たさない。

(i)，(ii)より，①の解は　　$\boldsymbol{x=1}$

(2)　$|x-8|=3x-4$ ……①

(i)　$x-8\geqq 0$ すなわち $x\geqq 8$ のとき

$|x-8|=x-8$ より，①は

$x-8=3x-4$

これを解くと　$x=-2$

この値は，$x\geqq 8$ を満たさない。

(ii)　$x-8<0$ すなわち $x<8$ のとき

$|x-8|=-x+8$ より，①は

$-x+8=3x-4$

これを解くと　$x=3$

この値は，$x<8$ を満たす。

(i)，(ii)より，①の解は　　$\boldsymbol{x=3}$

**101**　(1)　$\boldsymbol{3\in A}$　　(2)　$\boldsymbol{6\notin A}$　　(3)　$\boldsymbol{11\notin A}$

**102**　(1)　$A=\{\boldsymbol{1,\ 2,\ 3,\ 4,\ 6,\ 12}\}$

(2)　$B=\{\boldsymbol{-2,\ -1,\ 0,\ 1,\ \cdots\cdots}\}$

**103**　(1)　$\boldsymbol{A\subset B}$

(2)　$A=\{2,\ 3,\ 5,\ 7\}$ より　　$\boldsymbol{A=B}$

(3)　$A=\{3,\ 6,\ 9,\ 12,\ 15,\ 18\}$

$B=\{6,\ 12,\ 18\}$ より　　$\boldsymbol{A\supset B}$

**104**　(1)　$\boldsymbol{\varnothing}$，$\{\boldsymbol{3}\}$，$\{\boldsymbol{5}\}$，$\{\boldsymbol{3,\ 5}\}$

(2)　$\boldsymbol{\varnothing}$，$\{\boldsymbol{2}\}$，$\{\boldsymbol{4}\}$，$\{\boldsymbol{6}\}$，$\{\boldsymbol{2,\ 4}\}$，$\{\boldsymbol{2,\ 6}\}$，$\{\boldsymbol{4,\ 6}\}$，$\{\boldsymbol{2,\ 4,\ 6}\}$

(3)　$\boldsymbol{\varnothing}$，$\{\boldsymbol{a}\}$，$\{\boldsymbol{b}\}$，$\{\boldsymbol{c}\}$，$\{\boldsymbol{d}\}$，$\{\boldsymbol{a,\ b}\}$，$\{\boldsymbol{a,\ c}\}$，$\{\boldsymbol{a,\ d}\}$，$\{\boldsymbol{b,\ c}\}$，$\{\boldsymbol{b,\ d}\}$，$\{\boldsymbol{c,\ d}\}$，$\{\boldsymbol{a,\ b,\ c}\}$，$\{\boldsymbol{a,\ b,\ d}\}$，$\{\boldsymbol{a,\ c,\ d}\}$，$\{\boldsymbol{b,\ c,\ d}\}$，$\{\boldsymbol{a,\ b,\ c,\ d}\}$

**105**　(1)　$A\cap B=\{\boldsymbol{3,\ 5,\ 7}\}$

(2)　$A\cup B=\{\boldsymbol{1,\ 2,\ 3,\ 5,\ 7}\}$

(3)　$B\cup C=\{\boldsymbol{2,\ 3,\ 4,\ 5,\ 7}\}$

(4)　$A\cap C=\boldsymbol{\varnothing}$

**106**　下の図から

(1)　$A\cap B=\{\boldsymbol{x\,|\,-1<x<4}$，$\boldsymbol{x}$ **は実数**$\}$

(2)　$A\cup B=\{\boldsymbol{x\,|\,-3<x<6}$，$\boldsymbol{x}$ **は実数**$\}$

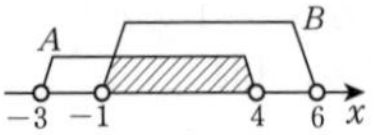


**107**　(1)　$\overline{A}=\{\boldsymbol{7,\ 8,\ 9,\ 10}\}$

(2)　$\overline{B}=\{\boldsymbol{1,\ 2,\ 3,\ 4,\ 9,\ 10}\}$

(1)
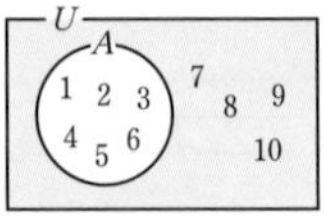


(2)
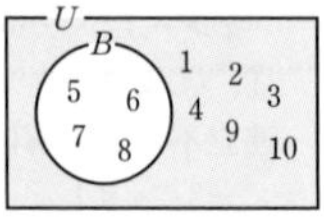


**108**　(1)　$A\cap B=\{1,\ 3\}$ であるから

$\overline{A\cap B}=\{\boldsymbol{2,\ 4,\ 5,\ 6,\ 7,\ 8,\ 9,\ 10}\}$

(2)　$A\cup B=\{1,\ 2,\ 3,\ 5,\ 6,\ 7,\ 9\}$ であるから

$\overline{A\cup B}=\{\boldsymbol{4,\ 8,\ 10}\}$

(3)　$\overline{A}=\{2,\ 4,\ 6,\ 8,\ 10\}$ より

$\overline{A}\cup B=\{\boldsymbol{1,\ 2,\ 3,\ 4,\ 6,\ 8,\ 10}\}$

(4)　$\overline{B}=\{4,\ 5,\ 7,\ 8,\ 9,\ 10\}$ より

$A\cap\overline{B}=\{\boldsymbol{5,\ 7,\ 9}\}$

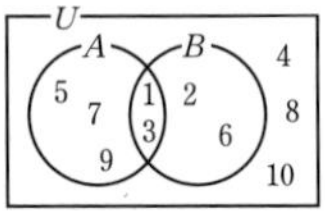


**109**　(1)　$\boldsymbol{A=\{2,\ 4,\ 6,\ 8,\ 10,\ 12,\ 14,\ 16,\ 18\}}$

(2)　$\boldsymbol{A=\{0,\ 1,\ 4\}}$

**110**　(1)　$A=\{4,\ 8\}$，$B=\{2,\ 4,\ 6,\ 8\}$ より

$A\cap B=\{\boldsymbol{4,\ 8}\}$

$A\cup B=\{\boldsymbol{2,\ 4,\ 6,\ 8}\}$

(2)　$A=\{3,\ 6,\ 9,\ 12,\ 15,\ 18\}$

$B=\{2,\ 5,\ 8,\ 11,\ 14,\ 17\}$ より

$A\cap B=\boldsymbol{\varnothing}$

$A\cup B=\{\boldsymbol{2,\ 3,\ 5,\ 6,\ 8,\ 9,\ 11,\ 12,\ 14,\ 15,\ 17,\ 18}\}$

**111**　$U=\{10,\ 11,\ 12,\ 13,\ 14,\ 15,\ 16,\ 17,\ 18,\ 19,\ 20\}$

$A=\{12,\ 15,\ 18\}$

$B=\{10,\ 15,\ 20\}$　であるから

(1)　$\overline{A}=\{\boldsymbol{10,\ 11,\ 13,\ 14,\ 16,\ 17,\ 19,\ 20}\}$

(2)　$A\cap B=\{\boldsymbol{15}\}$

(3)　$\overline{A}\cap B=\{\boldsymbol{10,\ 20}\}$

(4)　$\overline{A}\cup\overline{B}=\overline{A\cap B}$

$=\{\boldsymbol{10,\ 11,\ 12,\ 13,\ 14,\ 16,\ 17,\ 18,\ 19,\ 20}\}$

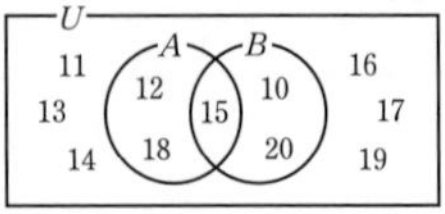

**112** $A \subset B$ であるから，$A$ の要素 1 が $B$ の要素になっている。すなわち

$1=2a-5$ より　$a=3$

でなければならない。このとき

$A=\{2,\ 1\}$，$B=\{-3,\ 2,\ 1\}$

となり，$A \subset B$ が成り立つ。

よって，求める $a$ の値は　$\boldsymbol{a=3}$

**113** $A \cap B=\{2,\ 5\}$ より $A \ni 5$ である。

(i) $a-1=5$ のとき

$a=6$ であるから　$A=\{2,\ 5,\ 6\}$

また，$a-3=3$，$10-a=4$

であるから　$B=\{-4,\ 3,\ 4\}$

よって　$A \cap B=\varnothing$

となり，$A \cap B=\{2,\ 5\}$ が成り立たない。

(ii) $a=5$ のとき

$a-1=4$ であるから　$A=\{2,\ 4,\ 5\}$

また，$a-3=2$，$10-a=5$

であるから　$B=\{-4,\ 2,\ 5\}$

よって　$A \cap B=\{2,\ 5\}$

(i)，(ii)より

$\boldsymbol{a=5}$

**114** 条件より

$\overline{A} \cap B=\{9\}$

よって，$U$，$A$，$B$ の関係は右の図のようになる。

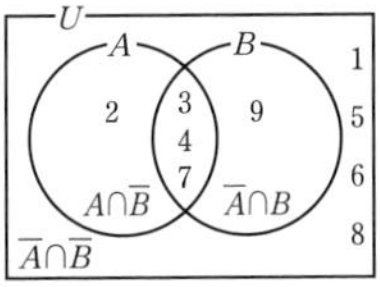


よって

$\boldsymbol{A=\{2,\ 3,\ 4,\ 7\}}$

$\boldsymbol{B=\{3,\ 4,\ 7,\ 9\}}$

**115** (1) **真の命題**　(2) **偽の命題**

(3) **命題といえない**　(4) **真の命題**

**116** (1) 条件 $p$，$q$ を満たす $x$ の集合を，それぞれ $P$，$Q$ とする。下の図から $P \subset Q$ が成り立つ。

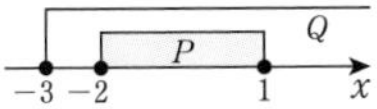


よって，

命題「$p \Longrightarrow q$」は **真** である。

(2) 条件 $p$，$q$ を満たす $x$ の集合を，それぞれ $P$，$Q$ とする。下の図から $P \subset Q$ が成り立つ。

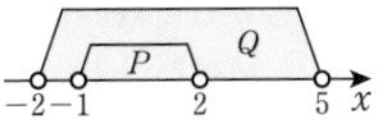


よって，

命題「$p \Longrightarrow q$」は **真** である。

(3) 条件 $p$，$q$ を満たす $x$ の集合を，それぞれ $P$，$Q$ とする。

$P=\{x \mid x^2-x=0\}=\{0,\ 1\}$

であるから，$P \subset Q$ は成り立たない。

よって，命題「$p \Longrightarrow q$」は **偽** である。

反例は　$\boldsymbol{x=0}$

**117** (1) 条件 $p$，$q$ を満たす $n$ の集合を，それぞれ $P$，$Q$ とする。

$P=\{3,\ 6,\ 9,\ 12,\ 15,\ \cdots\cdots\}$

$Q=\{6,\ 12,\ 18,\ \cdots\cdots\}$

であるから，$P \subset Q$ は成り立たない。

よって，命題「$p \Longrightarrow q$」は **偽** である。

反例は　$\boldsymbol{n=3}$

(2) 条件 $p$，$q$ を満たす $n$ の集合を，それぞれ $P$，$Q$ とする。

$P=\{1,\ 2,\ 4,\ 8\}$

$Q=\{1,\ 2,\ 3,\ 4,\ 6,\ 8,\ 12,\ 24\}$

であるから，$P \subset Q$ は成り立つ。

よって，命題「$p \Longrightarrow q$」は **真** である。

(3) 条件 $p$，$q$ を満たす $n$ の集合を，それぞれ $P$，$Q$ とする。

$P=\{1,\ 3,\ 5,\ 7\}$

$Q=\{2,\ 3,\ 5,\ 7,\ \cdots\cdots\}$

であるから，$P \subset Q$ は成り立たない。

よって命題「$p \Longrightarrow q$」は **偽** である。

反例は　$\boldsymbol{n=1}$

**118** (1)「$x=1 \Longrightarrow x^2=1$」は真である。

「$x^2=1 \Longrightarrow x=1$」は偽である。

(反例は $x=-1$)　よって，**十分条件**

(2)「四角形 ABCD が平行四辺形 $\Longrightarrow$ 四角形 ABCD が長方形」は偽である。

「四角形 ABCD が長方形 $\Longrightarrow$ 四角形 ABCD が平行四辺形」は真である。

よって，**必要条件**

(3)「$x^2=0 \Longrightarrow x=0$」は真である。

「$x=0 \Longrightarrow x^2=0$」は真である。

よって，**必要十分条件**

(4)「$\triangle ABC \equiv \triangle DEF \Longrightarrow \triangle ABC \backsim \triangle DEF$」は真である。

「$\triangle ABC \backsim \triangle DEF \Longrightarrow \triangle ABC \equiv \triangle DEF$」は偽である。よって，**十分条件**

**119** (1) $\boldsymbol{x \neq 5}$

(2) $\boldsymbol{x=-1}$

(3) $\boldsymbol{x<0}$

(4) $\boldsymbol{x \geqq -2}$

**120** (1) 「$\boldsymbol{x \geqq 4}$ **または** $\boldsymbol{y > 2}$」

(2) 「$-3 < x < 2$」は「$x > -3$ かつ $x < 2$」であるから，これの否定は
「$\boldsymbol{x \leqq -3}$ **または** $\boldsymbol{2 \leqq x}$」

(3) 否定は「$x > 2$ かつ $x \leqq 5$」であるから
「$\boldsymbol{2 < x \leqq 5}$」

(4) 「$x < -2$ かつ $x < 1$」は「$x < -2$」であるから，これの否定は「$\boldsymbol{x \geqq -2}$」

**121** (1) 「$mn$ が奇数 $\Longrightarrow$ $m$, $n$ がともに奇数」は真である。
「$m$, $n$ がともに奇数 $\Longrightarrow$ $mn$ が奇数」は真である。
よって，**必要十分条件**

(2) 「$m+n$, $m-n$ がともに偶数」$\Longrightarrow$「$m$, $n$ がともに偶数」は偽である。
(反例は $m=3$, $n=1$)
「$m$, $n$ がともに偶数 $\Longrightarrow$ $m+n$, $m-n$ がともに偶数」は真である。
よって，**必要条件**

**122** (1) $xy > 0$ より
$x > 0$ かつ $y > 0$ または $x < 0$ かつ $y < 0$
さらに，$x+y > 0$ より $x > 0$ かつ $y > 0$
よって
「$x+y > 0$ かつ $xy > 0$」$\Longrightarrow$「$x > 0$ かつ $y > 0$」は真である。
「$x > 0$ かつ $y > 0$」$\Longrightarrow$「$x+y > 0$ かつ $xy > 0$」も真である。
したがって，**必要十分条件**

(2) $x^2 = y^2$ より
$x = \pm\sqrt{y^2}$
$= \pm|y| = \pm y$
よって，「$x^2 = y^2$」$\Longrightarrow$「$x = \pm y$」は真である。
「$x = \pm y$」$\Longrightarrow$「$x^2 = y^2$」も真である。
したがって，**必要十分条件**

(3) $x^2 + y^2 = 0$ は $x = y = 0$ と同値である。
よって，「$x^2 + y^2 = 0 \Longrightarrow x = 0$ または $y = 0$」は真である。
「$x = 0$ または $y = 0 \Longrightarrow x^2 + y^2 = 0$」は偽である。(反例は $x=1$, $y=0$ など)
したがって，**十分条件**

(4) 「$p+q$, $pq$ が有理数 $\Longrightarrow$ $p$, $q$ がともに有理数」は偽である。
(反例は $p=\sqrt{2}$, $q=-\sqrt{2}$ など)
「$p$, $q$ がともに有理数 $\Longrightarrow$ $p+q$, $pq$ が有理数」は真である。
したがって，**必要条件**

(5) $|x| < 3$ を解くと $-3 < x < 3$
$|x-1| < 1$ を解くと $-1 < x-1 < 1$ より
$0 < x < 2$

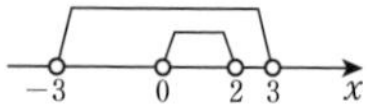


よって
「$|x| < 3 \Longrightarrow |x-1| < 1$」は偽である。
(反例は $x=-1$ など)
「$|x-1| < 1 \Longrightarrow |x| < 3$」は真である。
したがって，**必要条件**

**123** (1) この命題は **偽** である。
逆：「$\boldsymbol{x=4 \Longrightarrow x^2=16}$」…**真**
裏：「$\boldsymbol{x^2 \neq 16 \Longrightarrow x \neq 4}$」…**真**
対偶：「$\boldsymbol{x \neq 4 \Longrightarrow x^2 \neq 16}$」…**偽**

(2) この命題は **偽** である。
逆：「$\boldsymbol{x < 5 \Longrightarrow x > -1}$」…**偽**
裏：「$\boldsymbol{x \leqq -1 \Longrightarrow x \geqq 5}$」…**偽**
対偶：「$\boldsymbol{x \geqq 5 \Longrightarrow x \leqq -1}$」…**偽**

**124** (1) 与えられた命題の対偶「$n$ が 3 の倍数でないならば $n^2$ は 3 の倍数でない」を証明する。
$n$ が 3 の倍数でないとき，ある整数 $k$ を用いて
$n = 3k+1$ または $n = 3k+2$
と表される。
(i) $n = 3k+1$ のとき
$n^2 = (3k+1)^2 = 9k^2 + 6k + 1$
$= 3(3k^2 + 2k) + 1$
(ii) $n = 3k+2$ のとき
$n^2 = (3k+2)^2 = 9k^2 + 12k + 4$
$= 3(3k^2 + 4k + 1) + 1$
(i), (ii)において，$3k^2+2k$, $3k^2+4k+1$ は整数であるから，いずれの場合も $n^2$ は 3 の倍数でない。
よって，対偶が真であるから，もとの命題も真である。

(2) 与えられた命題の対偶「$m$ も $n$ も奇数ならば，$m+n$ は偶数である」を証明する。
$m$ も $n$ も奇数のとき，ある整数 $k$, $l$ を用いて
$m = 2k+1$, $n = 2l+1$
と表される。ゆえに
$m + n = (2k+1) + (2l+1)$
$= 2k + 2l + 2 = 2(k + l + 1)$

ここで，$k+l+1$ は整数であるから，$m+n$ は偶数である。

よって，対偶が真であるから，もとの命題も真である。

**125** $3+2\sqrt{2}$ が無理数でない，すなわち

$3+2\sqrt{2}$ は有理数である

と仮定する。

そこで，$r$ を有理数として

$3+2\sqrt{2}=r$

とおくと

$\sqrt{2}=\dfrac{r-3}{2}$ ……①

$r$ は有理数であるから，$\dfrac{r-3}{2}$ は有理数であり，

等式①は，$\sqrt{2}$ が無理数であることに矛盾する。

よって，$3+2\sqrt{2}$ は無理数である。

**126** この命題は **真** である。

逆：「$\boldsymbol{x>1}$ **または** $\boldsymbol{y>1 \Longrightarrow x+y>2}$」…**偽**

(反例 $x=3$，$y=-2$)

裏：「$\boldsymbol{x+y\leqq 2 \Longrightarrow x\leqq 1}$ **かつ** $\boldsymbol{y\leqq 1}$」…**偽**

(反例 $x=3$，$y=-1$)

対偶：「$\boldsymbol{x\leqq 1}$ **かつ** $\boldsymbol{y\leqq 1 \Longrightarrow x+y\leqq 2}$」…**真**

**127** 与えられた命題の対偶をとると

「$m$，$n$ がともに奇数ならば，$mn$ は奇数である」であるから，これを証明すればよい。

$m$，$n$ が奇数であるとき，ある整数 $k$，$l$ を用いて

$m=2k+1$，$n=2l+1$ ($k$，$l$ は整数)

と表される。

ゆえに

$$\begin{aligned} mn&=(2k+1)(2l+1)\\ &=4kl+2k+2l+1\\ &=2(2kl+k+l)+1 \end{aligned}$$

ここで，$2kl+k+l$ は整数であるから，$mn$ は奇数である。

よって，対偶が真であるから，与えられた命題も真である。

**128** $\sqrt{3}$ が無理数でない，すなわち $\sqrt{3}$ が有理数であると仮定すると，$\sqrt{3}$ は 1 以外に公約数をもたない 2 つの自然数 $m$，$n$ を用いて，次のように表される。

$\sqrt{3}=\dfrac{m}{n}$ ……①

①より $\sqrt{3}n=m$

両辺を 2 乗すると $3n^2=m^2$ ……②

②より，$m^2$ は 3 の倍数であるから，$m$ も 3 の倍数である。

よって，$m$ は，ある自然数 $k$ を用いて $m=3k$ と表され，これを②に代入すると

$3n^2=(3k)^2=9k^2$ すなわち $n^2=3k^2$ ……③

③より，$n^2$ が 3 の倍数であるから，$n$ も 3 の倍数である。

以上のことから，$m$，$n$ はともに 3 の倍数となり，$m$，$n$ が 1 以外の公約数をもたないことに矛盾する。

したがって，$\sqrt{3}$ は有理数でない。

すなわち，$\sqrt{3}$ は無理数である。

**129** (1) $b\neq 0$ と仮定する。

$a+\sqrt{2}b=0$ より $\sqrt{2}=-\dfrac{a}{b}$

$a$，$b$ は有理数なので $-\dfrac{a}{b}$ も有理数となり，

$\sqrt{2}$ が無理数であることに矛盾する。

よって $b=0$

これを $a+\sqrt{2}b=0$ に代入すると

$a=0$

したがって

$a+\sqrt{2}b=0 \Longrightarrow a=b=0$

(2) $p-3$，$1+q$ は有理数であるから，(1)より

$p-3=0$ かつ $1+q=0$

よって $\boldsymbol{p=3}$，$\boldsymbol{q=-1}$

**130** (1) $\boldsymbol{y=3x}$ (2) $\boldsymbol{y=50x+500}$

**131** (1) $f(3)=2\times 3^2-5\times 3+3=\boldsymbol{6}$

(2) $f(-2)=2\times(-2)^2-5\times(-2)+3=\boldsymbol{21}$

(3) $f(0)=2\times 0^2-5\times 0+3=\boldsymbol{3}$

(4) $f(a)=\boldsymbol{2a^2-5a+3}$

(5) $f(-2a)=2\times(-2a)^2-5\times(-2a)+3$

$=\boldsymbol{8a^2+10a+3}$

(6) $f(a+1)=2\times(a+1)^2-5\times(a+1)+3$

$=\boldsymbol{2a^2-a}$

## 132

(1)

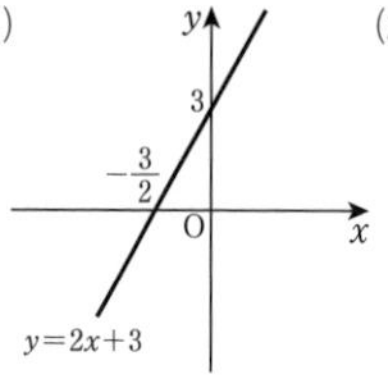


(2)

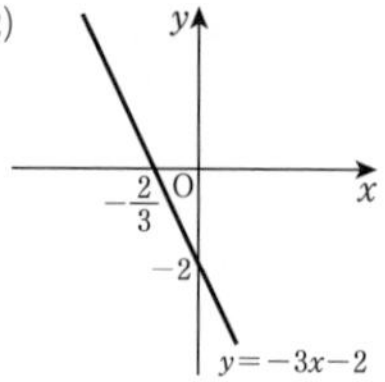


(3)

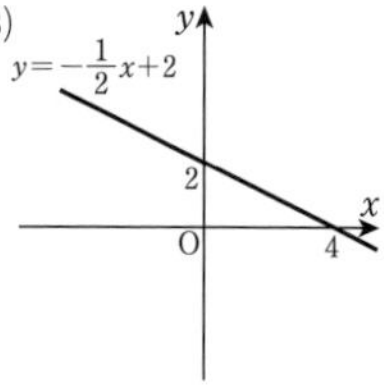


## 133

(1)

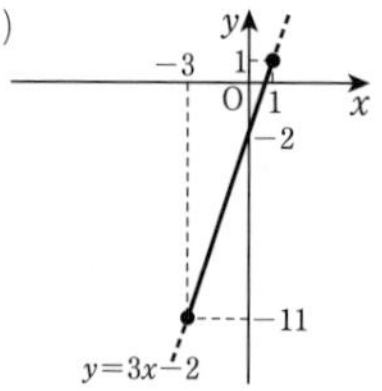


(2) (1)のグラフより値域は　**$-11 \leqq y \leqq 1$**

(3) (1)のグラフより

$x=1$ のとき **最大値 1**

$x=-3$ のとき **最小値 $-11$**

## 134

(1)

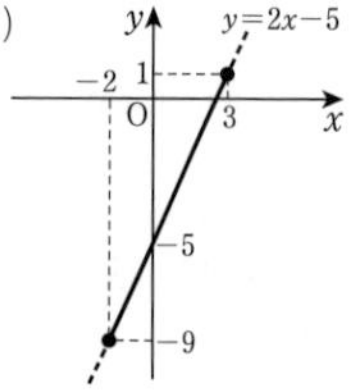


グラフより

値域は **$-9 \leqq y \leqq 1$**

$x=3$ のとき

**最大値 1**

$x=-2$ のとき

**最小値 $-9$**

(2)

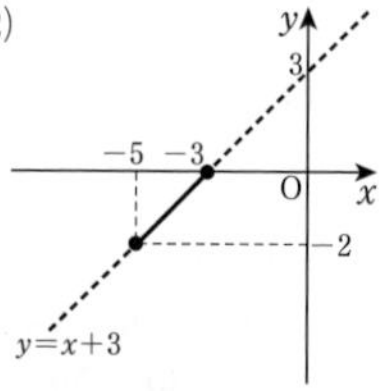


グラフより

値域は **$-2 \leqq y \leqq 0$**

$x=-3$ のとき

**最大値 0**

$x=-5$ のとき

**最小値 $-2$**

(3)

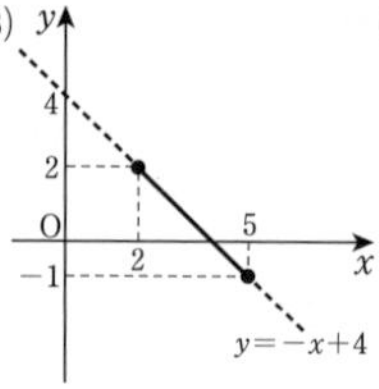


グラフより

値域は **$-1 \leqq y \leqq 2$**

$x=2$ のとき

**最大値 2**

$x=5$ のとき

**最小値 $-1$**

(4)

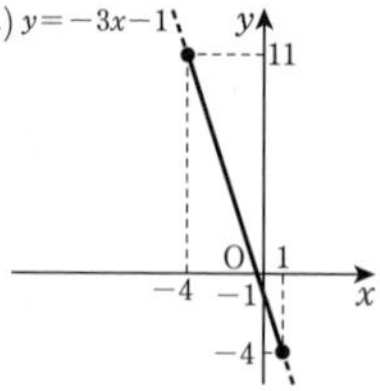


グラフより

値域は **$-4 \leqq y \leqq 11$**

$x=-4$ のとき

**最大値 11**

$x=1$ のとき

**最小値 $-4$**

## 135

(1) $f(1)=3$ より　$a+b=3$ ……①

$f(3)=7$ より　$3a+b=7$ ……②

①，②を解いて　**$a=2$，$b=1$**

(2) $f(-3)=2$ より　$-3a+b=2$ ……①

$f(2)=-8$ より　$2a+b=-8$ ……②

①，②を解いて　**$a=-2$，$b=-4$**

## 136

(1)

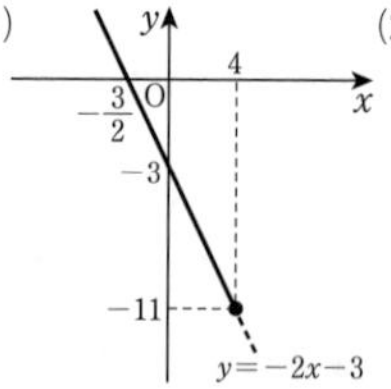


グラフより

値域は　**$y \geqq -11$**

(2)

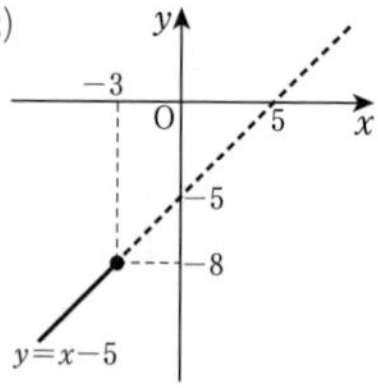


グラフより

値域は　**$y \leqq -8$**

## 137

(1) $a>0$ より，

$y=ax+b$ のグラフは

右上がりの直線になる。

ここで，定義域が

$-2 \leqq x \leqq 1$ であるから，

$x=-2$ のとき最小，

$x=1$ のとき最大となる。

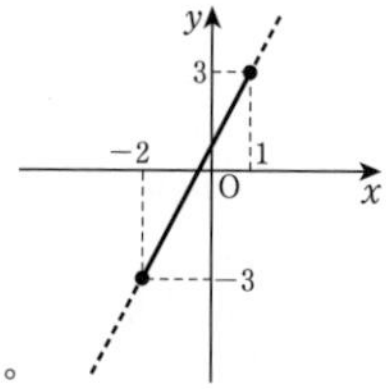


$x=-2$ のとき $y=-3$，$x=1$ のとき $y=3$

であるから

$-2a+b=-3$ ……①

$a+b=3$ ……②

①，②を解いて

**$a=2$，$b=1$**

(2) $a<0$ より，
$y=ax+b$ のグラフは
右下がりの直線になる。
ここで，定義域が
$-3\leqq x\leqq -1$ であるから，
$x=-1$ のとき最小，
$x=-3$ のとき最大
となる。

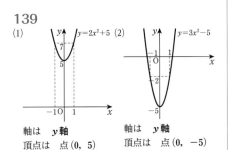

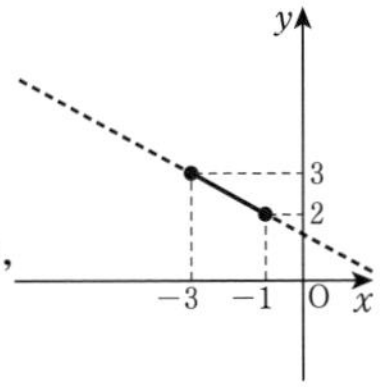


$x=-1$ のとき $y=2$，$x=-3$ のとき $y=3$
であるから

$-a+b=2$ ……①

$-3a+b=3$ ……②

①，②を解いて

$a=-\dfrac{1}{2}$，$b=\dfrac{3}{2}$

## 138

(1)

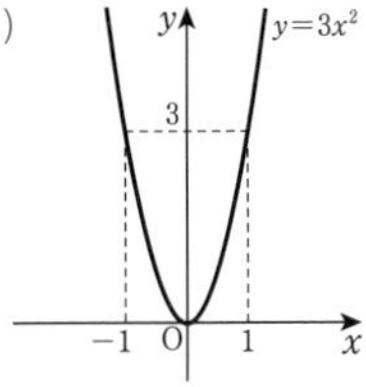


(2)

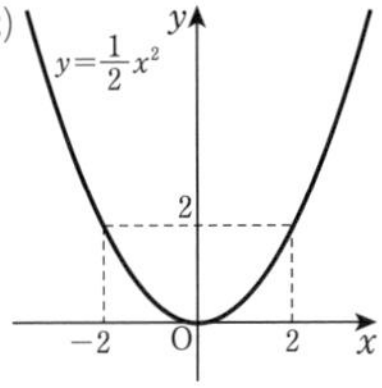


(3)

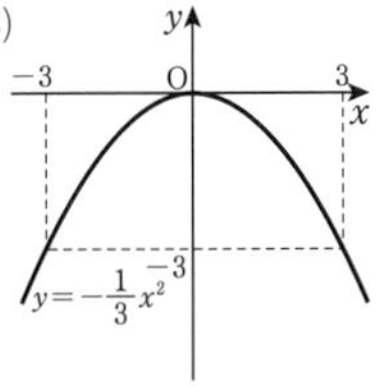


## 139

(1)

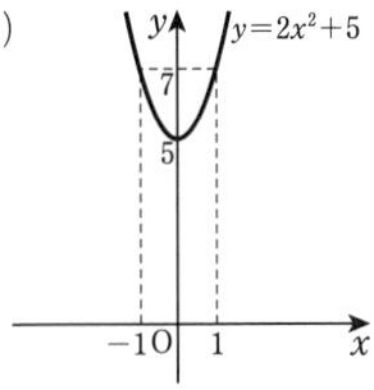


軸は　**$y$ 軸**

頂点は　点 **(0，5)**

(2)

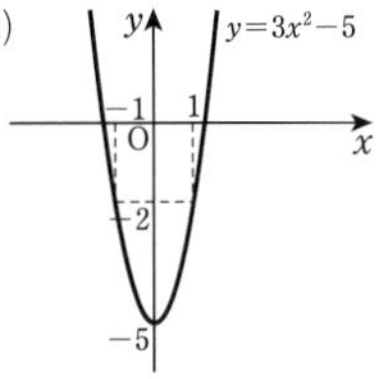


軸は　**$y$ 軸**

頂点は　点 **(0，−5)**

(3)

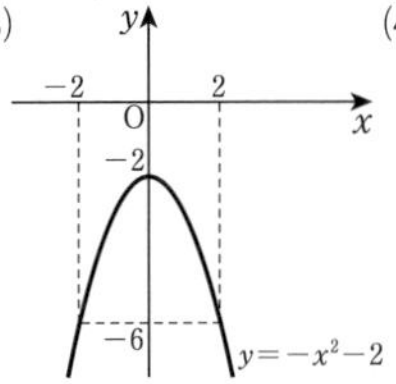


軸は　**$y$ 軸**

頂点は　点 **(0，−2)**

(4)

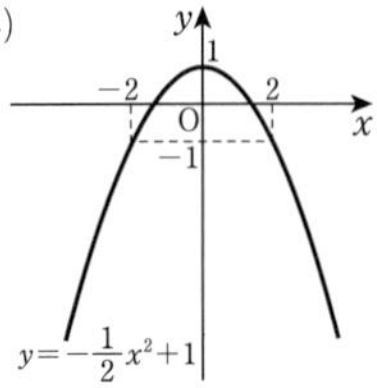


軸は　**$y$ 軸**

頂点は　点 **(0，1)**

## 140

(1)

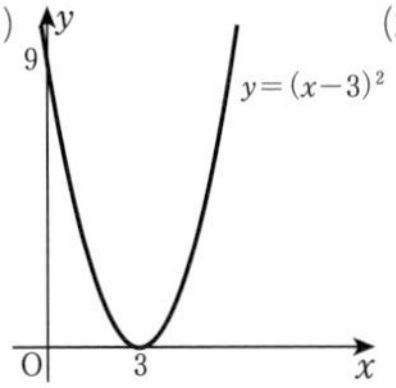

軸は　直線 **$x=3$**

頂点は　点 **(3，0)**

(2)

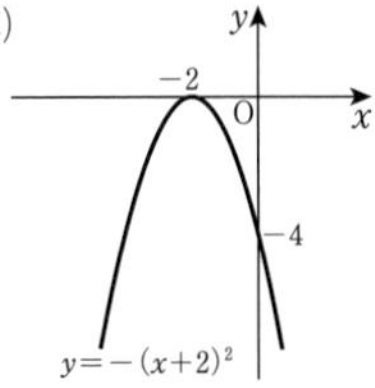


軸は　直線 **$x=-2$**

頂点は　点 **(−2，0)**

(3)

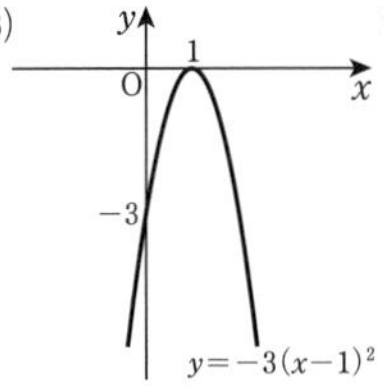


軸は　直線 **$x=1$**

頂点は　点 **(1，0)**

(4)

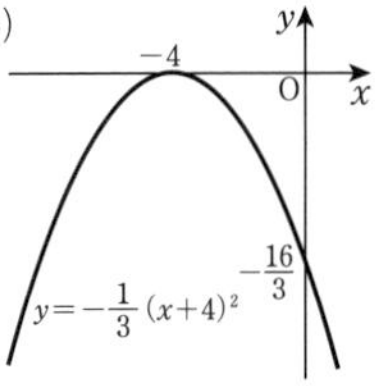


軸は　直線 **$x=-4$**

頂点は　点 **(−4，0)**

## 141

(1)

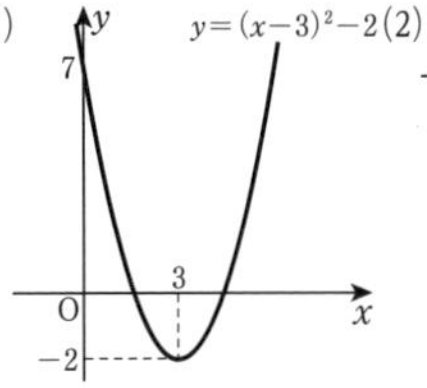


軸は　直線 **$x=3$**

頂点は　点 **(3，−2)**

(2)

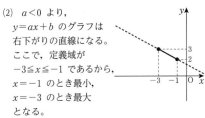

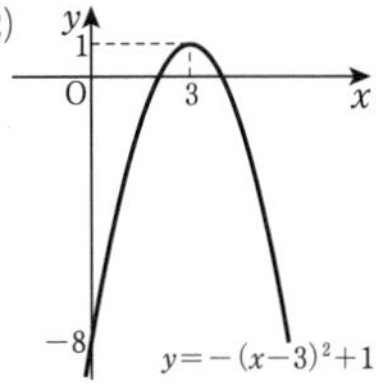


軸は　直線 **$x=3$**

頂点は　点 **(3，1)**

(3)

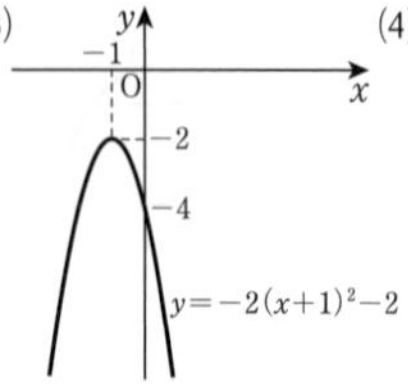


軸は　直線 $\boldsymbol{x=-1}$
頂点は　点 $\boldsymbol{(-1,\ -2)}$

(4)

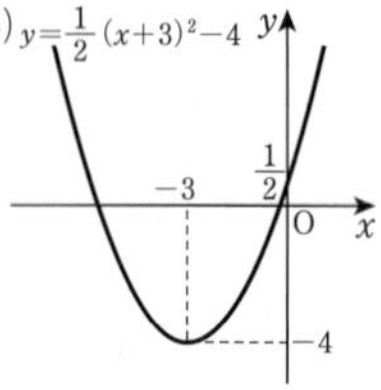


軸は　直線 $\boldsymbol{x=-3}$
頂点は　点 $\boldsymbol{(-3,\ -4)}$

**142** (1) $\boldsymbol{y}=x^2-2x$
$=(x-1)^2-1^2$
$\boldsymbol{=(x-1)^2-1}$

(2) $\boldsymbol{y}=x^2+4x$
$=(x+2)^2-2^2$
$\boldsymbol{=(x+2)^2-4}$

(3) $\boldsymbol{y}=x^2-8x+9$
$=(x-4)^2-4^2+9$
$\boldsymbol{=(x-4)^2-7}$

(4) $\boldsymbol{y}=x^2+6x-2$
$=(x+3)^2-3^2-2$
$\boldsymbol{=(x+3)^2-11}$

(5) $\boldsymbol{y}=x^2+10x-5$
$=(x+5)^2-5^2-5$
$\boldsymbol{=(x+5)^2-30}$

(6) $\boldsymbol{y}=x^2-4x+4$
$=(x-2)^2-2^2+4$
$\boldsymbol{=(x-2)^2}$

**143** (1) $\boldsymbol{y}=x^2-x$
$=\left(x-\frac{1}{2}\right)^2-\left(\frac{1}{2}\right)^2$
$\boldsymbol{=\left(x-\frac{1}{2}\right)^2-\frac{1}{4}}$

(2) $\boldsymbol{y}=x^2+5x+5$
$=\left(x+\frac{5}{2}\right)^2-\left(\frac{5}{2}\right)^2+5$
$\boldsymbol{=\left(x+\frac{5}{2}\right)^2-\frac{5}{4}}$

(3) $\boldsymbol{y}=x^2-3x-2$
$=\left(x-\frac{3}{2}\right)^2-\left(\frac{3}{2}\right)^2-2$
$\boldsymbol{=\left(x-\frac{3}{2}\right)^2-\frac{17}{4}}$

(4) $\boldsymbol{y}=x^2+x-\frac{3}{4}$
$=\left(x+\frac{1}{2}\right)^2-\left(\frac{1}{2}\right)^2-\frac{3}{4}$
$\boldsymbol{=\left(x+\frac{1}{2}\right)^2-1}$

**144** (1) $\boldsymbol{y}=2x^2+12x$
$=2(x^2+6x)$
$=2\{(x+3)^2-3^2\}$
$=2(x+3)^2-2\times3^2$
$\boldsymbol{=2(x+3)^2-18}$

(2) $\boldsymbol{y}=3x^2-6x$
$=3(x^2-2x)$
$=3\{(x-1)^2-1^2\}$
$=3(x-1)^2-3\times1^2$
$\boldsymbol{=3(x-1)^2-3}$

(3) $\boldsymbol{y}=3x^2-12x-4$
$=3(x^2-4x)-4$
$=3\{(x-2)^2-2^2\}-4$
$=3(x-2)^2-3\times2^2-4$
$\boldsymbol{=3(x-2)^2-16}$

(4) $\boldsymbol{y}=2x^2+4x+5$
$=2(x^2+2x)+5$
$=2\{(x+1)^2-1^2\}+5$
$=2(x+1)^2-2\times1^2+5$
$\boldsymbol{=2(x+1)^2+3}$

(5) $\boldsymbol{y}=4x^2-8x+1$
$=4(x^2-2x)+1$
$=4\{(x-1)^2-1^2\}+1$
$=4(x-1)^2-4\times1^2+1$
$\boldsymbol{=4(x-1)^2-3}$

(6) $\boldsymbol{y}=2x^2-8x+8$
$=2(x^2-4x)+8$
$=2\{(x-2)^2-2^2\}+8$
$=2(x-2)^2-2\times2^2+8$
$\boldsymbol{=2(x-2)^2}$

**145** (1) $\boldsymbol{y}=-x^2-4x-4$
$=-(x^2+4x)-4$
$=-\{(x+2)^2-2^2\}-4$
$=-(x+2)^2+2^2-4$
$\boldsymbol{=-(x+2)^2}$

(2) $\boldsymbol{y}=-2x^2+4x+3$
$=-2(x^2-2x)+3$
$=-2\{(x-1)^2-1^2\}+3$
$=-2(x-1)^2+2\times1^2+3$
$\boldsymbol{=-2(x-1)^2+5}$

(3) $\boldsymbol{y}=-3x^2+12x-2$
$=-3(x^2-4x)-2$

$=-3\{(x-2)^2-2^2\}-2$
$=-3(x-2)^2+3\times2^2-2$
$\boldsymbol{=-3(x-2)^2+10}$

(4) $y=-4x^2-8x-3$
$=-4(x^2+2x)-3$
$=-4\{(x+1)^2-1^2\}-3$
$=-4(x+1)^2+4\times1^2-3$
$\boldsymbol{=-4(x+1)^2+1}$

**146** (1) $y=x^2+6x+7$
$=(x+3)^2-3^2+7$
$=(x+3)^2-2$

軸は　直線 $\boldsymbol{x=-3}$
頂点は　点 $\boldsymbol{(-3,\ -2)}$

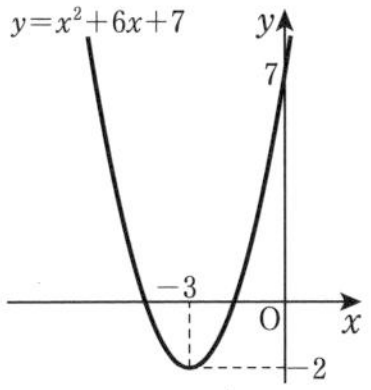


(2) $y=x^2-2x-3$
$=(x-1)^2-1^2-3$
$=(x-1)^2-4$

軸は　直線 $\boldsymbol{x=1}$
頂点は　点 $\boldsymbol{(1,\ -4)}$

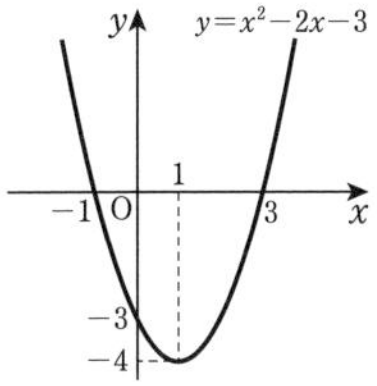


(3) $y=x^2+4x-1$
$=(x+2)^2-2^2-1$
$=(x+2)^2-5$

軸は　直線 $\boldsymbol{x=-2}$
頂点は　点 $\boldsymbol{(-2,\ -5)}$

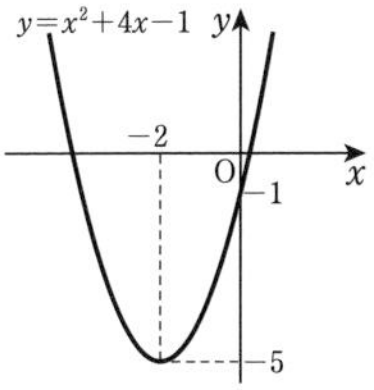


(4) $y=x^2-8x+13$
$=(x-4)^2-4^2+13$
$=(x-4)^2-3$

軸は　直線 $\boldsymbol{x=4}$
頂点は　点 $\boldsymbol{(4,\ -3)}$

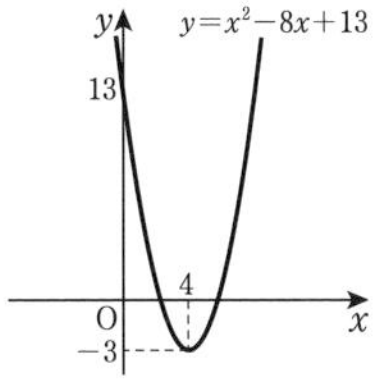


**147** (1) $y=2x^2-8x+3$
$=2(x^2-4x)+3$
$=2\{(x-2)^2-2^2\}+3$
$=2(x-2)^2-5$

軸は　直線 $\boldsymbol{x=2}$
頂点は　点 $\boldsymbol{(2,\ -5)}$

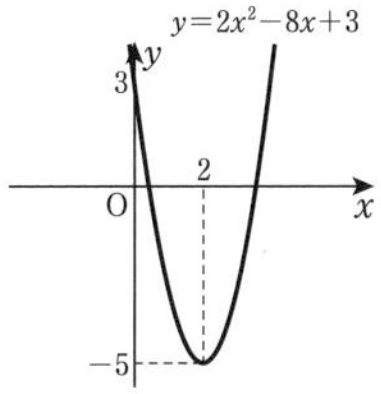


(2) $y=3x^2+6x+5$
$=3(x^2+2x)+5$
$=3\{(x+1)^2-1^2\}+5$
$=3(x+1)^2+2$

軸は　直線 $\boldsymbol{x=-1}$
頂点は　点 $\boldsymbol{(-1,\ 2)}$

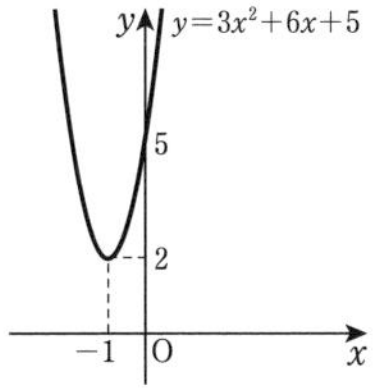


(3) $y=-2x^2-4x+5$
$=-2(x^2+2x)+5$
$=-2\{(x+1)^2-1^2\}+5$
$=-2(x+1)^2+7$

軸は　直線 $\boldsymbol{x=-1}$
頂点は　点 $\boldsymbol{(-1,\ 7)}$

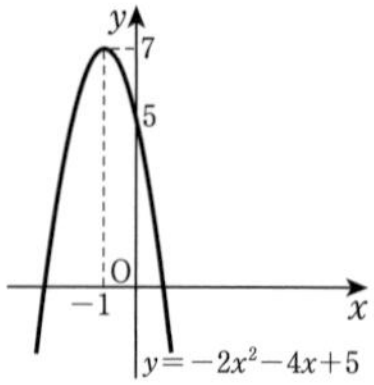


(4) $y=-3x^2+12x-8$

$=-3(x^2-4x)-8$

$=-3\{(x-2)^2-2^2\}-8$

$=-3(x-2)^2+4$

軸は　直線 $\boldsymbol{x=2}$

頂点は　点 $\boldsymbol{(2,\ 4)}$

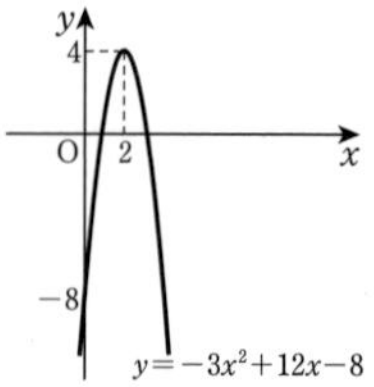


**148** (1) $y=2x^2-2x+3$

$=2(x^2-x)+3$

$=2\left\{\left(x-\frac{1}{2}\right)^2-\left(\frac{1}{2}\right)^2\right\}+3$

$=2\left(x-\frac{1}{2}\right)^2+\frac{5}{2}$

軸は　直線 $\boldsymbol{x=\frac{1}{2}}$

頂点は　点 $\boldsymbol{\left(\frac{1}{2},\ \frac{5}{2}\right)}$

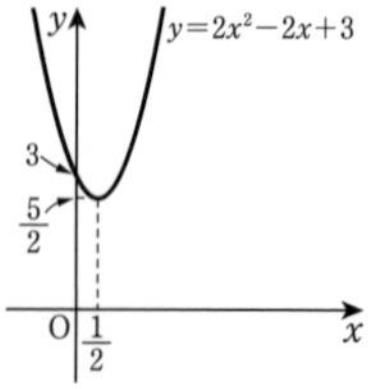


(2) $y=2x^2+6x-1$

$=2(x^2+3x)-1$

$=2\left\{\left(x+\frac{3}{2}\right)^2-\left(\frac{3}{2}\right)^2\right\}-1$

$=2\left(x+\frac{3}{2}\right)^2-\frac{11}{2}$

軸は　直線 $\boldsymbol{x=-\frac{3}{2}}$

頂点は　点 $\boldsymbol{\left(-\frac{3}{2},\ -\frac{11}{2}\right)}$

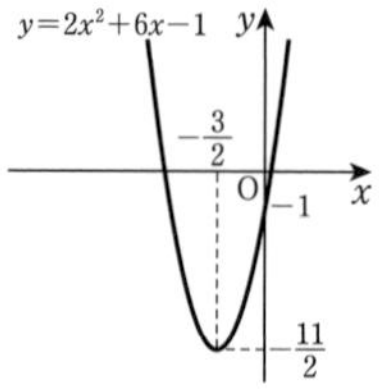


(3) $y=-3x^2-3x-1$

$=-3(x^2+x)-1$

$=-3\left\{\left(x+\frac{1}{2}\right)^2-\left(\frac{1}{2}\right)^2\right\}-1$

$=-3\left(x+\frac{1}{2}\right)^2-\frac{1}{4}$

軸は　直線 $\boldsymbol{x=-\frac{1}{2}}$

頂点は　点 $\boldsymbol{\left(-\frac{1}{2},\ -\frac{1}{4}\right)}$

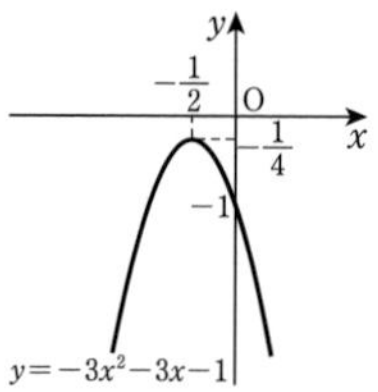


(4) $y=3x^2-9x+7$

$=3(x^2-3x)+7$

$=3\left\{\left(x-\frac{3}{2}\right)^2-\left(\frac{3}{2}\right)^2\right\}+7$

$=3\left(x-\frac{3}{2}\right)^2+\frac{1}{4}$

軸は　直線 $\boldsymbol{x=\frac{3}{2}}$

頂点は　点 $\boldsymbol{\left(\frac{3}{2},\ \frac{1}{4}\right)}$

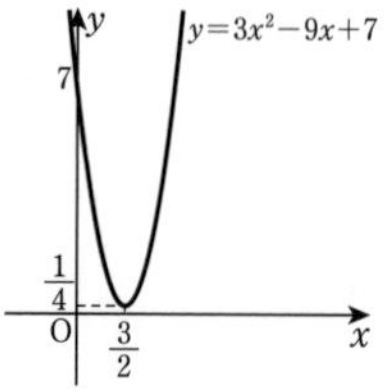


**149** (1) $y=(x-2)(x+6)$

$=x^2+4x-12$

$=(x+2)^2-16$

軸は　直線 $\boldsymbol{x=-2}$

頂点は　点 $\boldsymbol{(-2,\ -16)}$

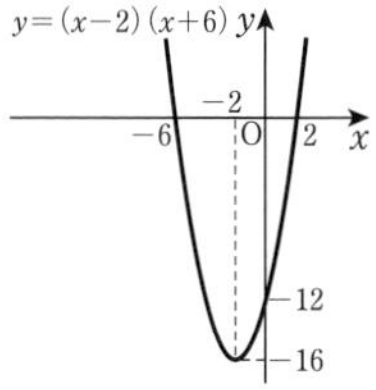


(2) $y=(x+3)(x-2)$

$=x^2+x-6$

$=\left(x+\dfrac{1}{2}\right)^2-\dfrac{25}{4}$

軸は　直線 $\boldsymbol{x=-\dfrac{1}{2}}$

頂点は　点 $\left(\boldsymbol{-\dfrac{1}{2},\ -\dfrac{25}{4}}\right)$

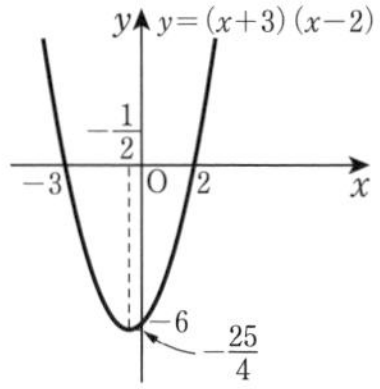


**150** (1) $y=\dfrac{1}{2}x^2+x-3$

$=\dfrac{1}{2}(x^2+2x)-3$

$=\dfrac{1}{2}\{(x+1)^2-1^2\}-3$

$=\dfrac{1}{2}(x+1)^2-\dfrac{7}{2}$

軸は　直線 $\boldsymbol{x=-1}$

頂点は　点 $\left(\boldsymbol{-1,\ -\dfrac{7}{2}}\right)$

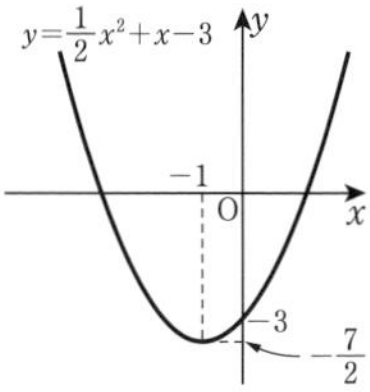


(2) $y=\dfrac{1}{3}x^2+2x+1$

$=\dfrac{1}{3}(x^2+6x)+1$

$=\dfrac{1}{3}\{(x+3)^2-3^2\}+1$

$=\dfrac{1}{3}(x+3)^2-2$

軸は　直線 $\boldsymbol{x=-3}$

頂点は　点 $(\boldsymbol{-3,\ -2})$

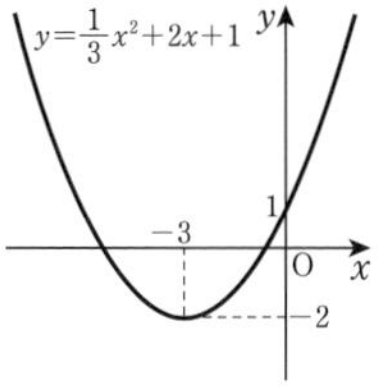


(3) $y=-\dfrac{1}{2}x^2+x+\dfrac{1}{2}$

$=-\dfrac{1}{2}(x^2-2x)+\dfrac{1}{2}$

$=-\dfrac{1}{2}\{(x-1)^2-1^2\}+\dfrac{1}{2}$

$=-\dfrac{1}{2}(x-1)^2+1$

軸は　直線 $\boldsymbol{x=1}$

頂点は　点 $(\boldsymbol{1,\ 1})$

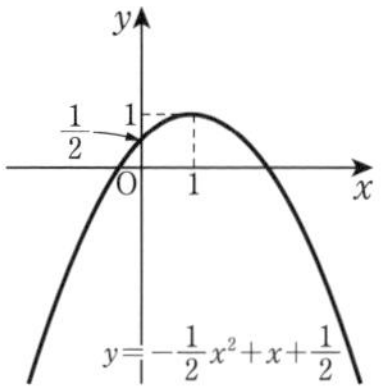


(4) $y=-\dfrac{1}{3}x^2-2x-2$

$=-\dfrac{1}{3}(x^2+6x)-2$

$=-\dfrac{1}{3}\{(x+3)^2-3^2\}-2$

$=-\dfrac{1}{3}(x+3)^2+1$

軸は　直線 $\boldsymbol{x=-3}$

頂点は　点 $(\boldsymbol{-3,\ 1})$

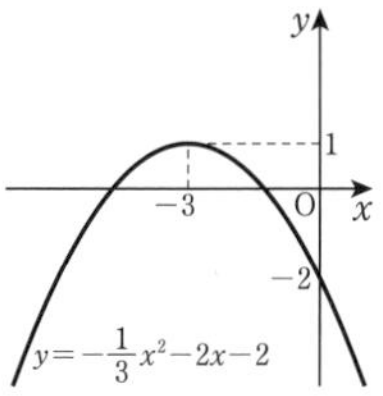


**151** $y=x^2-6x+4$ を変形すると

$y=(x-3)^2-5$ ……①

$y=x^2+4x-2$ を変形すると

$y=(x+2)^2-6$ ……②

よって，①，②のグラフは，ともに $y=x^2$ のグラフを平行移動した放物線であり，頂点はそれぞれ

点 $(3,\ -5)$，点 $(-2,\ -6)$

したがって，$y=x^2-6x+4$ のグラフを

**$x$ 軸方向に $-5$，$y$ 軸方向に $-1$**

だけ平行移動すれば，$y=x^2+4x-2$ のグラフに重なる。

**152** $y=-x^2-4x-7$ を変形すると

$y=-(x+2)^2-3$ ……①

$y=-x^2+2x-4$ を変形すると

$y=-(x-1)^2-3$ ……②

よって，①，②のグラフは，ともに $y=-x^2$ のグラフを平行移動した放物線であり，頂点はそれぞれ

点 $(-2,\ -3)$，点 $(1,\ -3)$

したがって，$y=-x^2-4x-7$ のグラフを

**$x$ 軸方向に $3$** だけ平行移動すれば，

$y=-x^2+2x-4$ のグラフに重なる。

**153**

(1) $y=x^2-4x+5$ を変形すると

$y=(x-2)^2+1$ ……①

$y=-x^2+2ax+b$ を変形すると

$y=-(x-a)^2+a^2+b$ ……②

ゆえに，①，②の頂点はそれぞれ

点 $(2,\ 1)$，点 $(a,\ a^2+b)$

よって，この2点が一致するとき

$$\begin{cases} a=2 \\ a^2+b=1 \end{cases}$$

したがって　**$a=2,\ b=-3$**

(2) $y=2x^2-4x+b$ を変形すると

$y=2(x-1)^2-2+b$ ……①

$y=x^2-ax$ を変形すると

$y=\left(x-\frac{1}{2}a\right)^2-\frac{1}{4}a^2$ ……②

ゆえに，①，②の頂点はそれぞれ

点 $(1,\ -2+b)$，点 $\left(\frac{1}{2}a,\ -\frac{1}{4}a^2\right)$

よって，この2点が一致するとき

$$\begin{cases} \frac{1}{2}a=1 \\ -\frac{1}{4}a^2=-2+b \end{cases}$$

したがって　**$a=2,\ b=1$**

**154** (1) **$x$ 軸：$(3,\ -4)$　$y$ 軸：$(-3,\ 4)$**

**原点：$(-3,\ -4)$**

(2) **$x$ 軸：$(-2,\ -5)$　$y$ 軸：$(2,\ 5)$**

**原点：$(2,\ -5)$**

(3) **$x$ 軸：$(-4,\ 2)$　$y$ 軸：$(4,\ -2)$**

**原点：$(4,\ 2)$**

(4) **$x$ 軸：$(5,\ 3)$　$y$ 軸：$(-5,\ -3)$**

**原点：$(-5,\ 3)$**

**155** (1) $y=x^2+3x-4$ において，

$x$ を $x-2$，$y$ を $y-3$ に置きかえて

$y-3=(x-2)^2+3(x-2)-4$

すなわち　**$y=x^2-x-3$**

(2) $y=2x^2+x+1$ において，

$x$ を $x+1$，$y$ を $y+2$ に置きかえて

$y+2=2(x+1)^2+(x+1)+1$

すなわち　**$y=2x^2+5x+2$**

**156** (1) $x$ 軸：$-y=x^2+2x-3$

すなわち　**$y=-x^2-2x+3$**

$y$ 軸：$y=(-x)^2+2(-x)-3$

すなわち　**$y=x^2-2x-3$**

原点：$-y=(-x)^2+2(-x)-3$

すなわち　**$y=-x^2+2x+3$**

(2) $x$ 軸：$-y=-2x^2-x+5$

すなわち　**$y=2x^2+x-5$**

$y$ 軸：$y=-2(-x)^2-(-x)+5$

すなわち　**$y=-2x^2+x+5$**

原点：$-y=-2(-x)^2-(-x)+5$

すなわち　**$y=2x^2-x-5$**

**157**

(1)

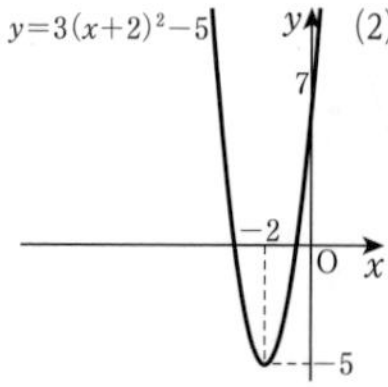


$y$ は **$x=-2$** のとき

**最小値 $-5$** をとる。

**最大値はない。**

(2)

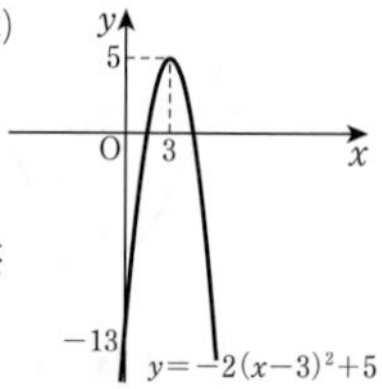


$y$ は **$x=3$** のとき

**最大値 $5$** をとる。

**最小値はない。**

(3)

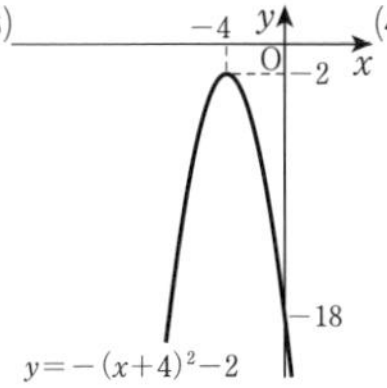


$y$ は $\boldsymbol{x=-4}$ のとき
**最大値 −2** をとる。
**最小値はない。**

(4)

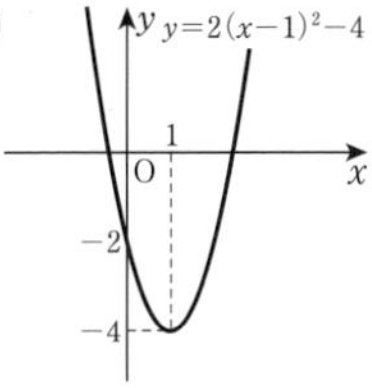


$y$ は $\boldsymbol{x=1}$ のとき
**最小値 −4** をとる。
**最大値はない。**

## 158

(1) $y=x^2-4x+1$
$=(x-2)^2-3$

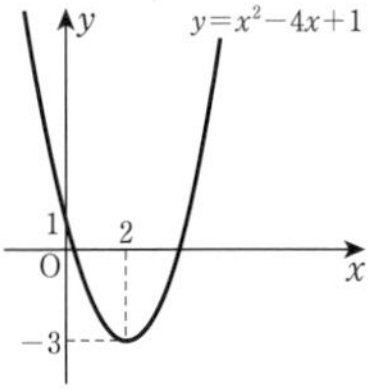


$y$ は $\boldsymbol{x=2}$ のとき
**最小値 −3** をとる。
**最大値はない。**

(2) $y=2x^2+12x+7$
$=2(x+3)^2-11$

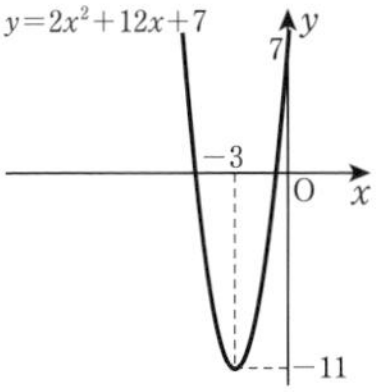


$y$ は $\boldsymbol{x=-3}$ のとき
**最小値 −11** をとる。
**最大値はない。**

(3) $y=-x^2-8x+4$
$=-(x+4)^2+20$

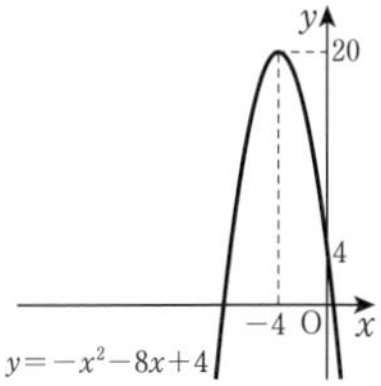


$y$ は $\boldsymbol{x=-4}$ のとき
**最大値 20** をとる。
**最小値はない。**

(4) $y=-3x^2+6x-5$
$=-3(x-1)^2-2$

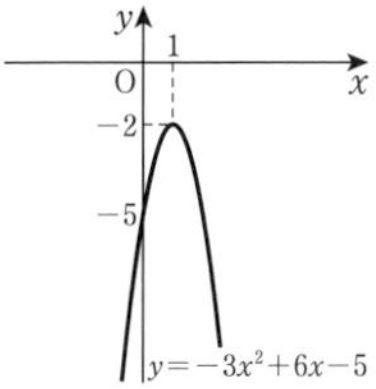


$y$ は $\boldsymbol{x=1}$ のとき
**最大値 −2** をとる。
**最小値はない。**

## 159

(1)

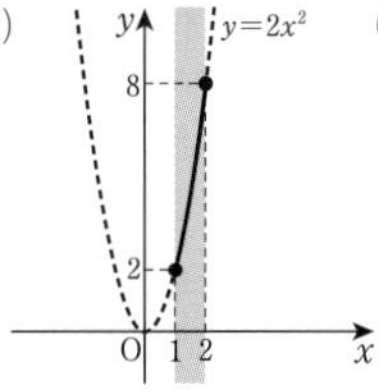


この関数のグラフは，上の図の実線部分である。
よって，$y$ は
$\boldsymbol{x=2}$ のとき
**最大値 8** をとり，
$\boldsymbol{x=1}$ のとき
**最小値 2** をとる。

(2)

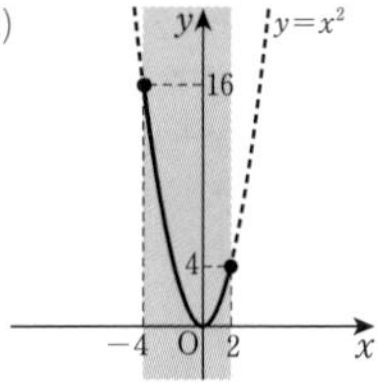


この関数のグラフは，上の図の実線部分である。
よって，$y$ は
$\boldsymbol{x=-4}$ のとき
**最大値 16** をとり，
$\boldsymbol{x=0}$ のとき
**最小値 0** をとる。

(3)

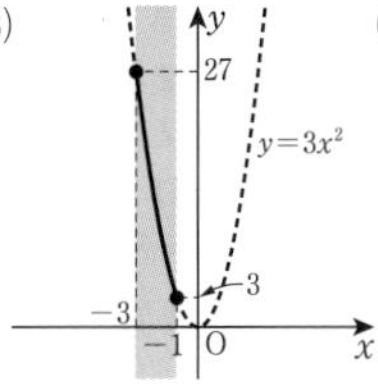


この関数のグラフは，上の図の実線部分である。
よって，$y$ は
$\boldsymbol{x=-3}$ のとき
**最大値 27** をとり，
$\boldsymbol{x=-1}$ のとき
**最小値 3** をとる。

(4)

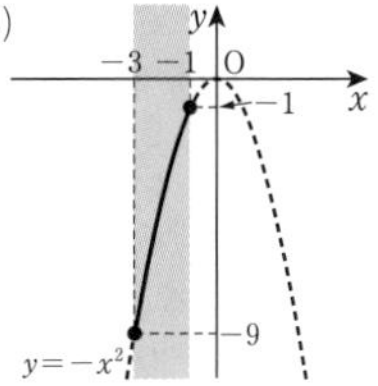


この関数のグラフは，上の図の実線部分である。
よって，$y$ は
$\boldsymbol{x=-1}$ のとき
**最大値 −1** をとり，
$\boldsymbol{x=-3}$ のとき
**最小値 −9** をとる。

(5)

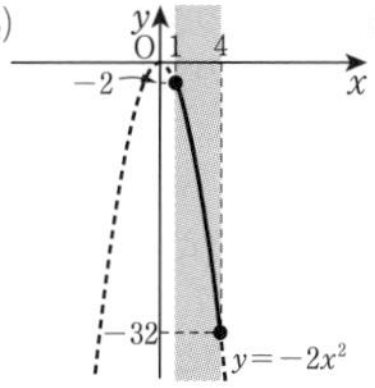


この関数のグラフは，上の図の実線部分である。
よって，$y$ は
$\boldsymbol{x=1}$ のとき
**最大値 −2** をとり，
$\boldsymbol{x=4}$ のとき
**最小値 −32** をとる。

(6)

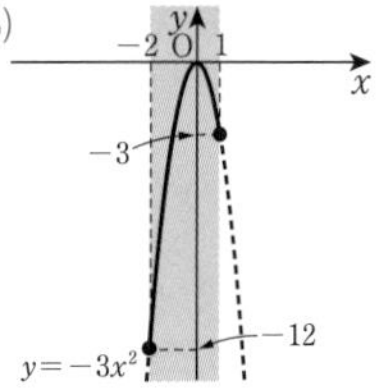


この関数のグラフは，上の図の実線部分である。
よって，$y$ は
$\boldsymbol{x=0}$ のとき
**最大値 0** をとり，
$\boldsymbol{x=-2}$ のとき
**最小値 −12** をとる。

## 160

(1) $y=x^2+2x-3$
を変形すると
$y=(x+1)^2-4$

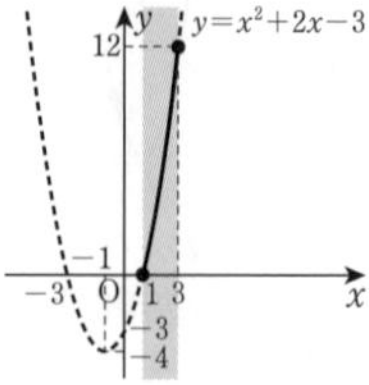


$1\leqq x\leqq 3$ におけるこの関数のグラフは，上の図の実線部分である。
よって，$y$ は
**$x=3$ のとき**
**最大値 12** をとり，
**$x=1$ のとき**
**最小値 0** をとる。

(2) $y=x^2+6x-3$
を変形すると
$y=(x+3)^2-12$

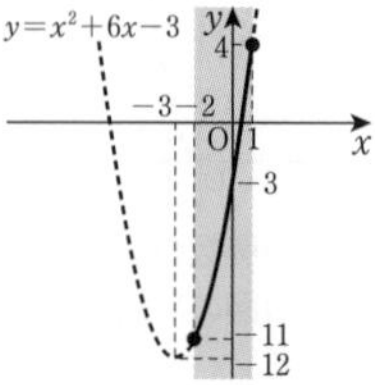


$-2\leqq x\leqq 1$ におけるこの関数のグラフは，上の図の実線部分である。
よって，$y$ は
**$x=1$ のとき**
**最大値 4** をとり，
**$x=-2$ のとき**
**最小値 −11** をとる。

(3) $y=x^2-4x-1$
を変形すると
$y=(x-2)^2-5$

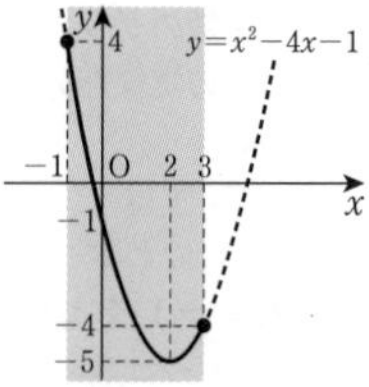


$-1\leqq x\leqq 3$ におけるこの関数のグラフは，上の図の実線部分である。
よって，$y$ は
**$x=-1$ のとき**
**最大値 4** をとり，
**$x=2$ のとき**
**最小値 −5** をとる。

(4) $y=2x^2-8x+7$
を変形すると
$y=2(x-2)^2-1$

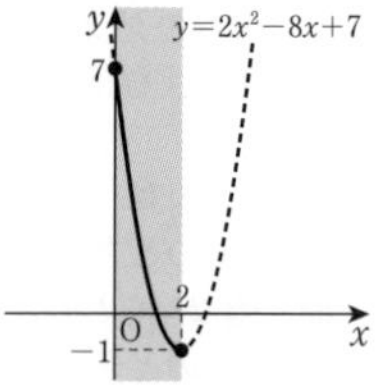


$0\leqq x\leqq 2$ におけるこの関数のグラフは，上の図の実線部分である。
よって，$y$ は
**$x=0$ のとき**
**最大値 7** をとり，
**$x=2$ のとき**
**最小値 −1** をとる。

(5) $y=-x^2-4x-3$
を変形すると
$y=-(x+2)^2+1$

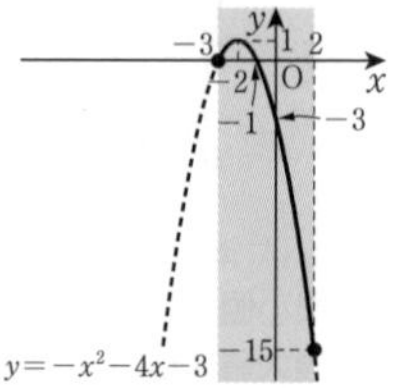


$-3\leqq x\leqq 2$ におけるこの関数のグラフは，上の図の実線部分である。
よって，$y$ は
**$x=-2$ のとき**
**最大値 1** をとり，
**$x=2$ のとき**
**最小値 −15** をとる。

(6) $y=-2x^2+4x-1$
を変形すると
$y=-2(x-1)^2+1$

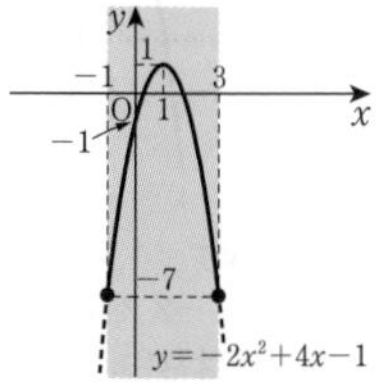


$-1\leqq x\leqq 3$ におけるこの関数のグラフは，上の図の実線部分である。
よって，$y$ は
**$x=1$ のとき**
**最大値 1** をとり，
**$x=-1,\ 3$ のとき**
**最小値 −7** をとる。

## 161

(1) $y=x^2+5x-3$
を変形すると
$y=\left(x+\dfrac{5}{2}\right)^2-\dfrac{37}{4}$

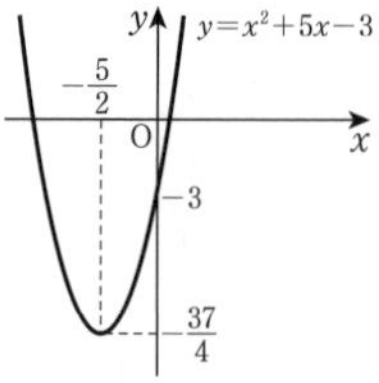


$y$ は
**$x=-\dfrac{5}{2}$ のとき**
**最小値 $-\dfrac{37}{4}$** をとる。
**最大値はない。**

(2) $y=2x^2-6x+3$
を変形すると
$y=2\left(x-\dfrac{3}{2}\right)^2-\dfrac{3}{2}$

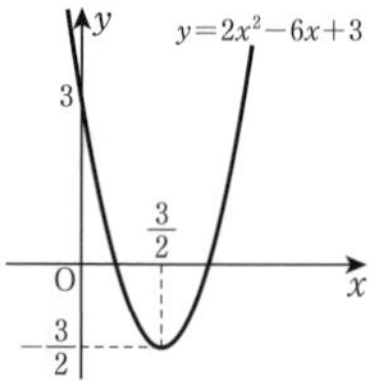


$y$ は
**$x=\dfrac{3}{2}$ のとき**
**最小値 $-\dfrac{3}{2}$** をとる。
**最大値はない。**

(3) $y=-x^2-x+2$

を変形すると

$$y=-\left(x+\frac{1}{2}\right)^2+\frac{9}{4}$$

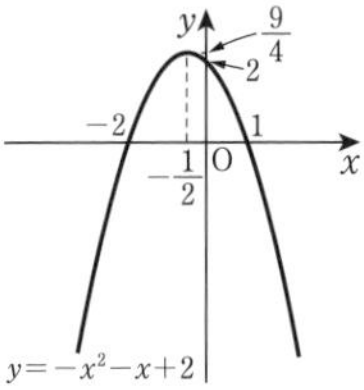


$y$ は

$x=-\dfrac{1}{2}$ のとき

**最大値** $\dfrac{9}{4}$ をとる。

**最小値はない。**

(4) $y=\dfrac{1}{2}x^2-3x+2$

を変形すると

$$y=\frac{1}{2}(x^2-6x)+2$$

$$=\frac{1}{2}(x-3)^2-\frac{5}{2}$$

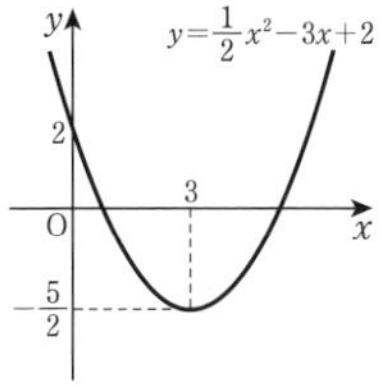


$y$ は

$x=3$ のとき

**最小値** $-\dfrac{5}{2}$ をとる。

**最大値はない。**

## 162

(1) $y=(x-3)(x+1)$

を変形すると

$$y=x^2-2x-3$$

$$=(x-1)^2-4$$

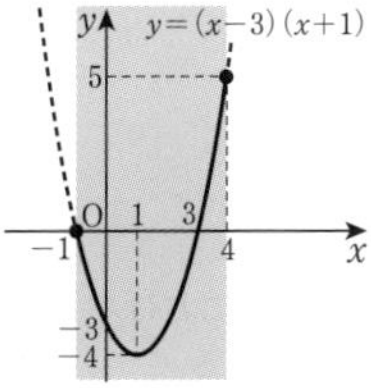


$-1\leqq x\leqq 4$ における

この関数のグラフは，

上の図の実線部分で

ある。

よって，$y$ は

$x=4$ のとき

**最大値 5** をとり，

$x=1$ のとき

**最小値 $-4$** をとる。

(2) $y=(x+2)(x+4)$

を変形すると

$$y=x^2+6x+8$$

$$=(x+3)^2-1$$

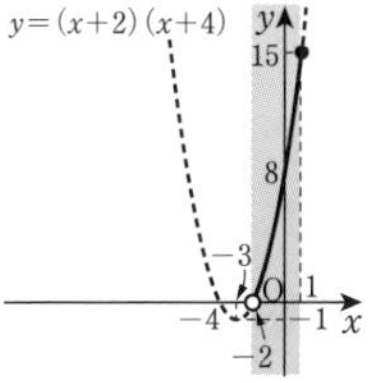


$-2<x\leqq 1$ における

この関数のグラフは，

上の図の実線部分で

ある。

よって，$y$ は

$x=1$ のとき

**最大値 15** をとる。

**最小値はない。**

(3) $y=x^2+7x-5$

を変形すると

$$y=\left(x+\frac{7}{2}\right)^2-\frac{69}{4}$$

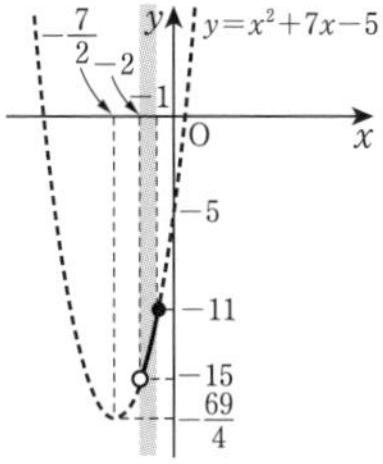


$-2<x\leqq -1$ における

この関数のグラフは，

上の図の実線部分で

ある。

よって，$y$ は

$x=-1$ のとき

**最大値 $-11$** をとる。

**最小値はない。**

(4) $y=-\dfrac{1}{2}x^2-x-2$

を変形すると

$$y=-\frac{1}{2}(x+1)^2-\frac{3}{2}$$

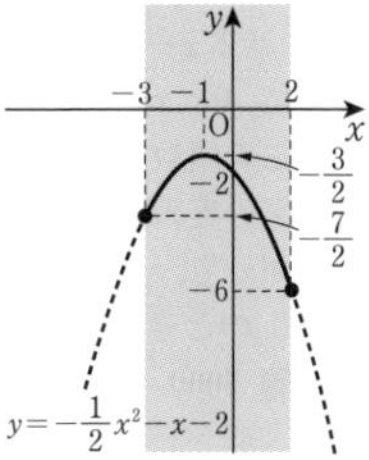


$-3\leqq x\leqq 2$ における

この関数のグラフは，

上の図の実線部分で

ある。

よって，$y$ は

$x=-1$ のとき

**最大値** $-\dfrac{3}{2}$ をとり，

$x=2$ のとき

**最小値 $-6$** をとる。

## 163

長方形の横の長さを $x$ m とすると，縦の長さは $(18-x)$ m である。

$x>0$ かつ $18-x>0$ であるから

$$0<x<18$$

長方形の面積を $y$ m$^2$ とすると，

$$y=x(18-x)$$

$$=-x^2+18x$$

$$=-(x-9)^2+81$$

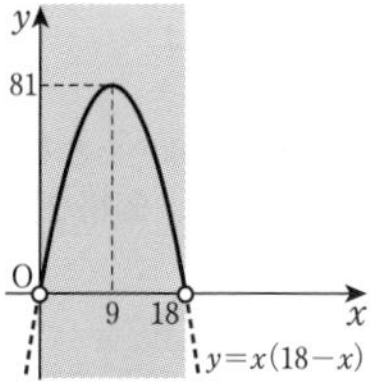


よって，$0<x<18$ におけるこの関数のグラフは，上の図の実線部分である。ゆえに，$y$ は $x=9$ のとき，最大値 81 をとる。横の長さが 9 m のとき，縦の長さも 9 m であるから，**1 辺が 9 m の正方形** をつくればよい。

## 164

AH$=x$ (cm) とすると，

AE$=$HD$=(100-x)$ (cm)

である。$x>0$ かつ

$100-x>0$ であるから

$$0<x<100$$

また，$y=\text{EH}^2$ である。

三平方の定理より

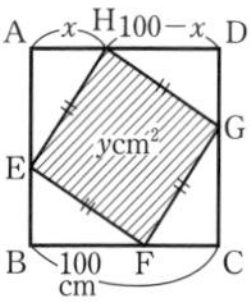

$EH^2=AE^2+AH^2$
$=(100-x)^2+x^2$
$=2x^2-200x+10000$

よって
$y=2x^2-200x+10000$
$=2(x-50)^2+5000$

ゆえに，$0<x<100$ におけるこの関数のグラフは，右の図の実線部分である。

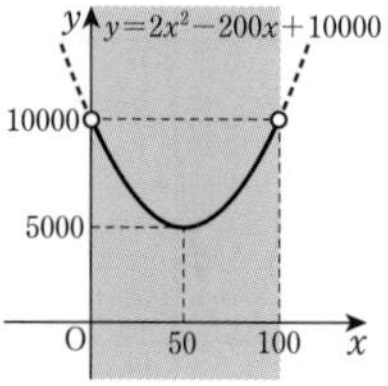


したがって，$y$ は
$x=50$ のとき
**最小値 5000** をとる。

**165** 価格を1個につき $x$ 円値上げすると価格は $(100+x)$ 円，売上個数は $(400-2x)$ 個である。

$x>0$ かつ $400-2x>0$ であるから
$0<x<200$

売上金額を $y$ 円とすると
$y=(100+x)(400-2x)$
$=-2x^2+200x+40000$
$=-2(x-50)^2+45000$

よって，$0<x<200$ におけるこの関数のグラフは，右の図の実線部分である。

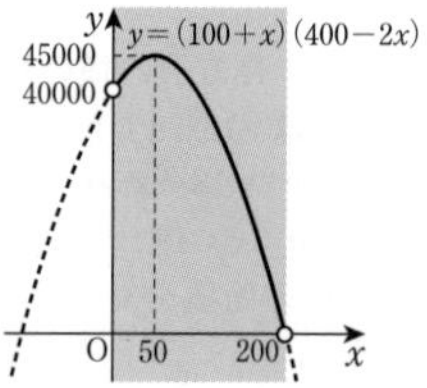


ゆえに，$y$ は
$x=50$ のとき，
最大値 45000 をとる。
したがって，価格を **150円** にすればよい。

**166** **考え方** グラフが下に凸の場合，定義域の範囲で軸からの距離が最も大きい $x$ の値で $y$ は最大になる。

$y=x^2+2x+c=(x+1)^2+c-1$

よって，この2次関数のグラフは，軸が直線 $x=-1$ で下に凸の放物線になるから，$-1$ と最も差が大きい $x=2$ のとき $y$ は最大になる。

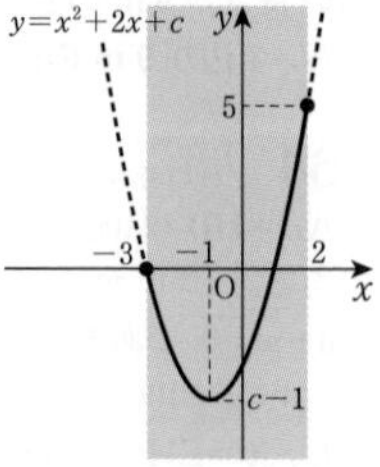


ゆえに，$2^2+2\times2+c=5$
より　$c=-3$

**167** **考え方** グラフが上に凸の場合，定義域の範囲で軸からの距離が最も大きい $x$ の値で $y$ は最小になる。

$y=-x^2+8x+c=-(x-4)^2+c+16$

よって，この2次関数のグラフは，軸が直線 $x=4$ で上に凸の放物線になるから，4と最も差が大きい $x=1$ のとき $y$ は最小になる。

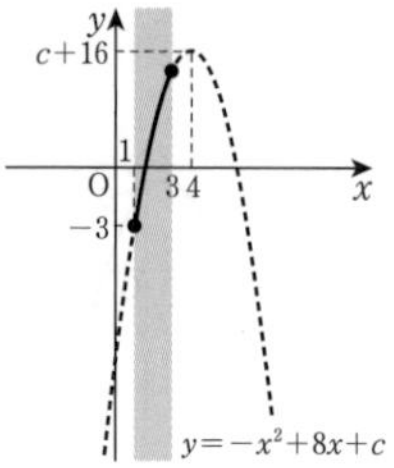


したがって
$-1^2+8\times1+c=-3$
より　$c=-10$

**168** $y=x^2-6x-3$ を変形すると
$y=(x-3)^2-12$

(1) $1<a<3$ のとき，$1\leqq x\leqq a$ におけるこの関数のグラフは次の図のようになる。
よって，$y$ は
$x=1$ のとき，**最大値 $-8$** をとり，
$x=a$ のとき，**最小値 $a^2-6a-3$** をとる。

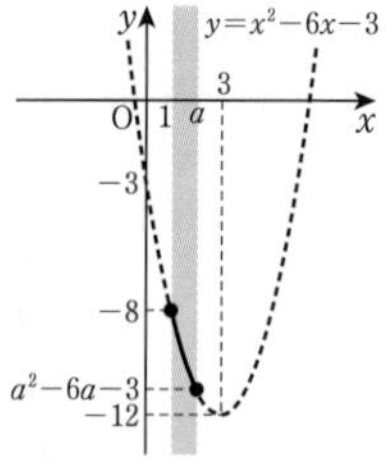


(2) $3\leqq a<5$ のとき，$1\leqq x\leqq a$ におけるこの関数のグラフは下の図のようになる。
よって，$y$ は
$x=1$ のとき，**最大値 $-8$** をとり，
$x=3$ のとき，**最小値 $-12$** をとる。

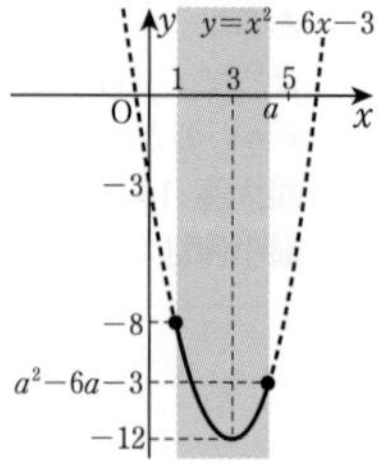


(3) $a\geqq5$ のとき，$1\leqq x\leqq a$ におけるこの関数のグラフは下の図のようになる。
よって，$y$ は

$x=a$ のとき，**最大値 $a^2-6a-3$** をとり，
$x=3$ のとき，**最小値 $-12$** をとる。

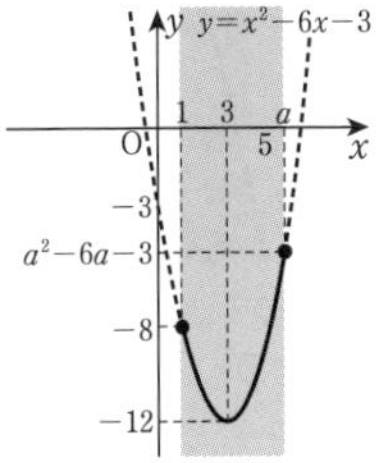


**169** $y=x^2-6x+4$ を変形すると
$y=(x-3)^2-5$

(i) $0<a<3$ のとき，$0\leqq x\leqq a$ におけるこの関数のグラフは次の図の実線部分である。よって，$y$ は $x=a$ のとき，最小値 $a^2-6a+4$ をとる。

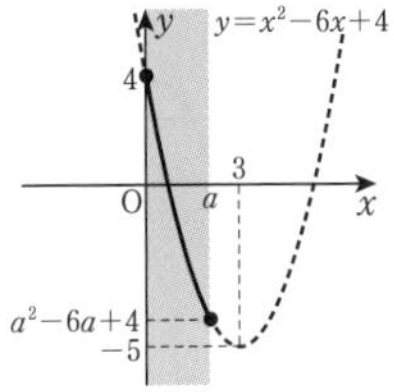


(ii) $a\geqq3$ のとき，$0\leqq x\leqq a$ におけるこの関数のグラフは下の図の実線部分であり，頂点の $x$ 座標は定義域に含まれる。よって，$y$ は $x=3$ のとき，最小値 $-5$ をとる。

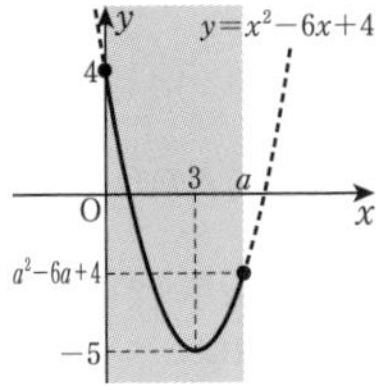


(i)，(ii)より，$y$ は
$0<a<3$ のとき $x=a$ で　**最小値 $a^2-6a+4$** をとる。
$a\geqq3$ のとき $x=3$ で　**最小値 $-5$** をとる。

**170** $y=-x^2+4x+2$ を変形すると
$y=-(x-2)^2+6$

(i) $0<a<2$ のとき，$0\leqq x\leqq a$ におけるこの関数のグラフは，下の図のようになる。よって，$y$ は $x=a$ のとき，最大値 $-a^2+4a+2$ をとる。

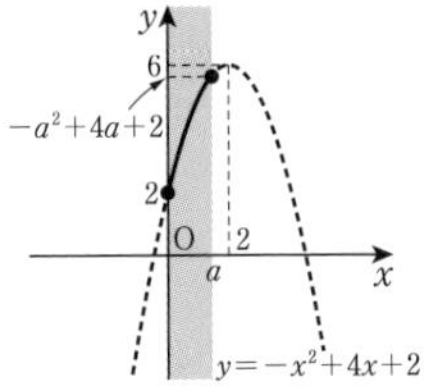


(ii) $a\geqq2$ のとき，$0\leqq x\leqq a$ におけるこの関数のグラフは，下の図のようになる。よって，$y$ は $x=2$ のとき，最大値 6 をとる。

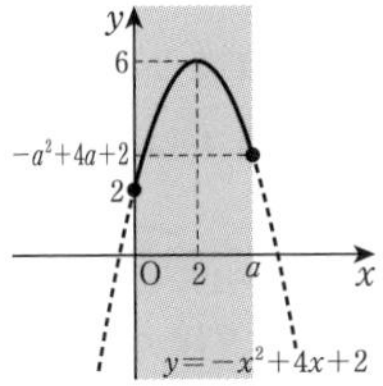


(i)，(ii)より，$y$ は
$0<a<2$ のとき $x=a$ で**最大値 $-a^2+4a+2$** をとる。
$a\geqq2$ のとき $x=2$ で**最大値 6** をとる。

**171** $y=x^2-4ax+3$ を変形すると
$y=(x-2a)^2-4a^2+3$

よって，
軸は直線 $x=2a$

(i) $2a<0$　すなわち
$a<0$ のとき
軸は定義域の左側にあるから
$x=0$ のとき　最小値 3

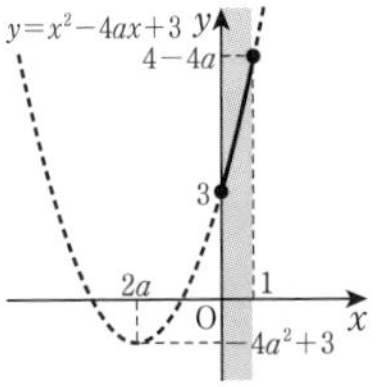


(ii) $0\leqq 2a\leqq1$　すなわち　$0\leqq a\leqq\dfrac{1}{2}$ のとき

軸は定義域内にあるから
$x=2a$ のとき　最小値 $-4a^2+3$

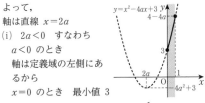

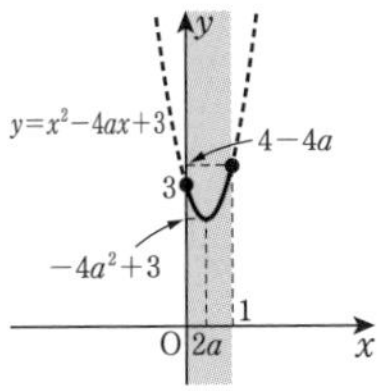


(iii) $2a>1$　すなわち　$a>\dfrac{1}{2}$ のとき

軸は定義域の右側にあるから
$x=1$ のとき　最小値 $4-4a$

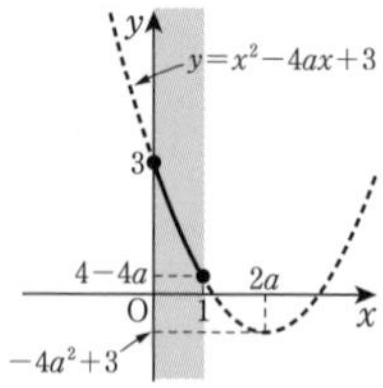


(i), (ii), (iii)より，$y$ は

$a<0$ のとき　$x=0$ で**最小値 3** をとる。

$0 \leqq a \leqq \dfrac{1}{2}$ のとき

　$x=2a$ で**最小値** $\boldsymbol{-4a^2+3}$ をとる。

$a>\dfrac{1}{2}$ のとき　$x=1$ で**最小値** $\boldsymbol{4-4a}$ をとる。

**172**　$y=x^2-2x=(x-1)^2-1$

よって，この放物線の 軸は $x=1$,

頂点は 点 $(1,\ -1)$

(1)　$a<-1$ のとき，

$a+2<1$ であるから，

この関数のグラフは右の図のようになる。

$x=a+2$ のとき

$y=(a+2)^2-2(a+2)$

$=a^2+2a$

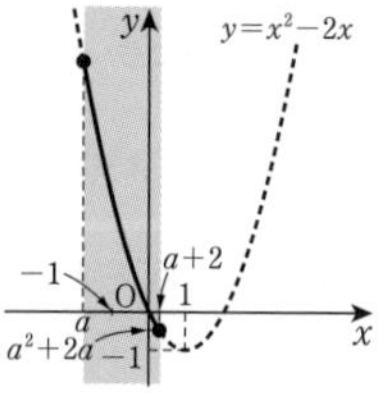


よって，$y$ は，$x=a+2$ のとき

**最小値** $\boldsymbol{a^2+2a}$ をとる。

(2)　$-1 \leqq a \leqq 1$ のとき

この関数のグラフは右の図のようになる。

よって，$y$ は，

$x=1$ のとき

**最小値** $\boldsymbol{-1}$ をとる。

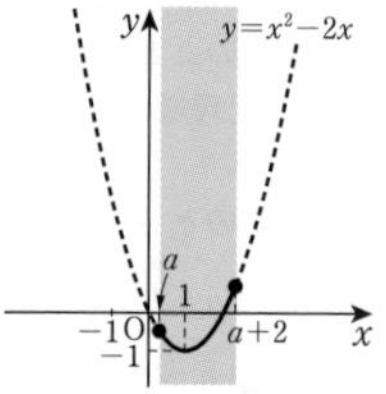


(3)　$1<a$ のとき，

この関数のグラフは右の図のようになる。

$x=a$ のとき

$y=a^2-2a$

よって，$y$ は，

$x=a$ のとき

**最小値** $\boldsymbol{a^2-2a}$ をとる。

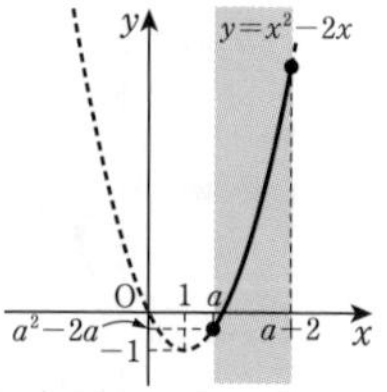


**173**　$y=-x^2-2x=-(x+1)^2+1$

よって，この放物線の軸は $x=-1$,

頂点は点 $(-1,\ 1)$

(1)　$a<-3$ のとき，

$a+2<-1$ であるから，この関数のグラフは右の図のようになる。

$x=a+2$ のとき，

$y=-(a+2)^2-2(a+2)$

$=-a^2-6a-8$

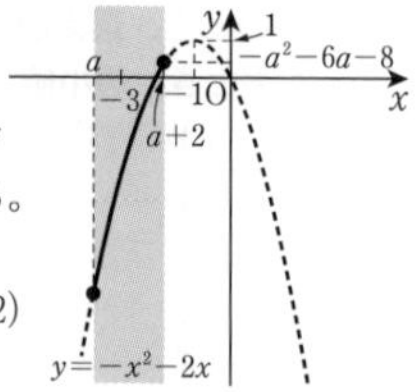


よって，$y$ は，$x=a+2$ のとき

**最大値** $\boldsymbol{-a^2-6a-8}$ をとる。

(2)　$-3 \leqq a \leqq -1$ のとき，

$a \leqq -1 \leqq a+2$ であるから，この関数のグラフは右の図のようになる。

よって，$y$ は，

$x=-1$ のとき

**最大値 1** をとる。

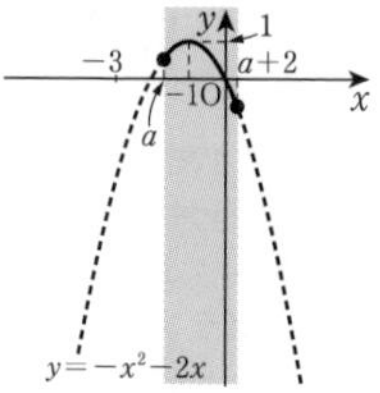


(3)　$-1<a$ のとき，

この関数のグラフは右の図のようになる。

$x=a$ のとき

$y=-a^2-2a$

よって，$y$ は，

$x=a$ のとき

**最大値** $\boldsymbol{-a^2-2a}$ をとる。

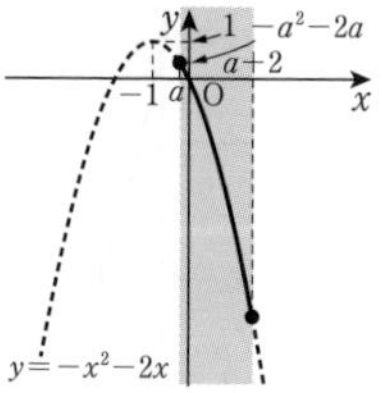


**174**　(1)　頂点が点 $(-3,\ 5)$ であるから，求める 2 次関数は

$y=a(x+3)^2+5$

と表される。

グラフが点 $(-2,\ 3)$ を通ることから

$3=a(-2+3)^2+5$

より　$3=a+5$　　よって　$a=-2$

したがって，求める 2 次関数は

$\boldsymbol{y=-2(x+3)^2+5}$

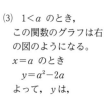

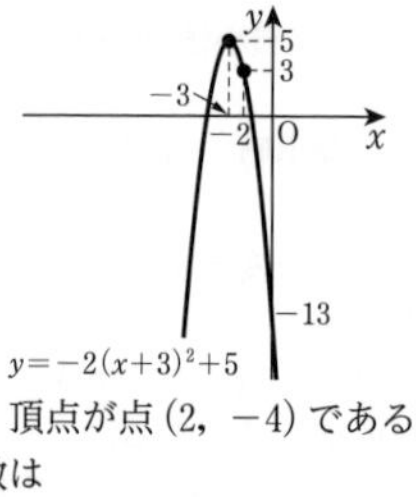


(2)　頂点が点 $(2,\ -4)$ であるから，求める 2 次関数は

$y=a(x-2)^2-4$

と表される。

グラフが原点を通ることから

$0=a(0-2)^2-4$

より　$0=4a-4$　　よって　$a=1$

したがって，求める 2 次関数は

$\boldsymbol{y=(x-2)^2-4}$

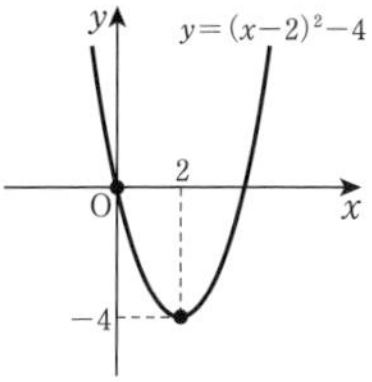


**175**　(1)　軸が直線 $x=3$ であるから，求める 2 次関数は

$y=a(x-3)^2+q$

と表される。

グラフが点 $(1,\ -2)$ を通ることから

$-2=a(1-3)^2+q$ ……①

グラフが点 $(4,\ -8)$ を通ることから

$-8=a(4-3)^2+q$ ……②

①，②より

$\begin{cases} 4a+q=-2 \\ a+q=-8 \end{cases}$

これを解いて

$a=2,\ q=-10$

したがって，求める 2 次関数は

$\boldsymbol{y=2(x-3)^2-10}$

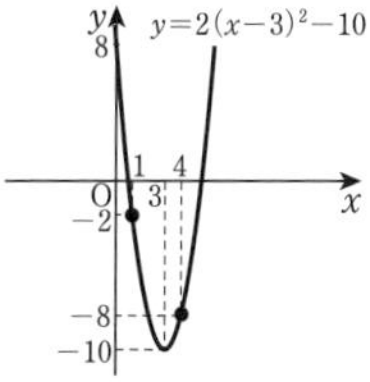


(2)　軸が直線 $x=-1$ であるから，求める 2 次関数は

$y=a(x+1)^2+q$

と表される。

グラフが点 $(0,\ 1)$ を通ることから

$1=a(0+1)^2+q$　……①

グラフが点 $(2,\ 17)$ を通ることから

$17=a(2+1)^2+q$ ……②

①，②より

$\begin{cases} a+q=1 \\ 9a+q=17 \end{cases}$

これを解いて

$a=2,\ q=-1$

したがって，求める 2 次関数は

$\boldsymbol{y=2(x+1)^2-1}$

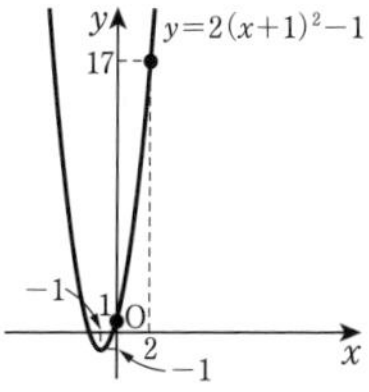


**176**　(1)　求める 2 次関数を

$y=ax^2+bx+c$

とおく。

グラフが 3 点 $(0,\ -1)$，$(1,\ 2)$，$(2,\ 7)$ を通ることから

$\begin{cases} -1=c & \cdots\cdots① \\ 2=a+b+c & \cdots\cdots② \\ 7=4a+2b+c & \cdots\cdots③ \end{cases}$

①より　　$c=-1$

これを②，③に代入して整理すると

$\begin{cases} a+b=3 \\ 2a+b=4 \end{cases}$

これを解いて

$a=1,\ b=2$

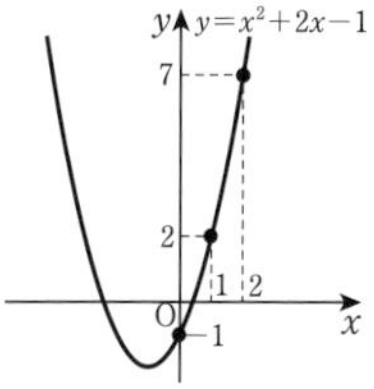


よって，求める 2 次関数は

$\boldsymbol{y=x^2+2x-1}$

(2)　求める 2 次関数を

$y=ax^2+bx+c$

とおく。

グラフが 3 点 $(0,\ 2)$，$(-2,\ -14)$，$(3,\ -4)$ を通ることから

$\begin{cases} 2=c & \cdots\cdots① \\ -14=4a-2b+c & \cdots\cdots② \\ -4=9a+3b+c & \cdots\cdots③ \end{cases}$

①より　　$c=2$

これを②，③に代入して整理すると

$\begin{cases} 2a-b=-8 \\ 3a+b=-2 \end{cases}$

これを解いて

$a=-2,\ b=4$

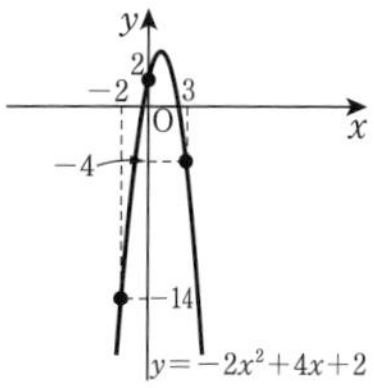


よって，求める 2 次関数は

$\boldsymbol{y=-2x^2+4x+2}$

**177**　(1)　$x=2$ で最小値 $-3$ をとることから，求める 2 次関数は

$y=a(x-2)^2-3$　$(a>0)$

と表される。

グラフが点 $(4,\ 5)$ を通ることから

$5=a(4-2)^2-3$

よって，$5=4a-3$ より　　$a=2$

$a=2$ は $a>0$ を満たしている。

したがって，求める 2 次関数は

$\boldsymbol{y=2(x-2)^2-3}$

(2)　$x=-1$ で最大値 4 をとることから，求める 2 次関数は

$$y=a(x+1)^2+4 \quad (a<0)$$

と表される。

グラフが点 (1, 2) を通ることから

$$2=a(1+1)^2+4$$

よって，$2=4a+4$ より　$a=-\dfrac{1}{2}$

$a=-\dfrac{1}{2}$ は $a<0$ を満たしている。

したがって，求める 2 次関数は

$$\boldsymbol{y=-\frac{1}{2}(x+1)^2+4}$$

**178**　$x=2$ で最大値をとることから，求める 2 次関数は

$$y=a(x-2)^2+q \quad (a<0)$$

と表される。

グラフが点 (−1, 3) を通ることから

$$3=a(-1-2)^2+q \quad \cdots\cdots①$$

グラフが点 (3, 11) を通ることから

$$11=a(3-2)^2+q \quad \cdots\cdots②$$

①，②より

$$\begin{cases} 9a+q=3 \\ a+q=11 \end{cases}$$

これを解いて

$$a=-1,\ q=12$$

$a=-1$ は $a<0$ を満たしている。

したがって，求める 2 次関数は

$$\boldsymbol{y=-(x-2)^2+12}$$

**179**　(1)　$y=x^2+3x$ を平行移動した放物線をグラフとする 2 次関数は

$$y=x^2+ax+b$$

と表される。

グラフが点 (1, −2) を通ることから

$$-2=1+a+b \quad \cdots\cdots①$$

グラフが点 (4, 1) を通ることから

$$1=16+4a+b \quad \cdots\cdots②$$

①，②より

$$\begin{cases} a+b=-3 \\ 4a+b=-15 \end{cases}$$

これを解いて

$$a=-4,\ b=1$$

したがって，求める 2 次関数は

$$\boldsymbol{y=x^2-4x+1}$$

(2)　$y=-2x^2+8x-5$

を変形すると

$$y=-2(x-2)^2+3$$

よって，この 2 次関数の頂点は点 (2, 3) である。

すなわち，求める 2 次関数の頂点も点 (2, 3) であるから，求める 2 次関数は

$$y=a(x-2)^2+3$$

と表される。

グラフが点 (5, 12) を通ることから

$12=a(5-2)^2+3$ より　$a=1$

したがって，求める 2 次関数は

$$\boldsymbol{y=(x-2)^2+3}$$

**180**　(1)

$$\begin{cases} x+y+z=3 & \cdots\cdots① \\ 9x+3y+z=5 & \cdots\cdots② \\ 4x+2y+z=3 & \cdots\cdots③ \end{cases}$$

②−① より　$8x+2y=2$

すなわち　$4x+y=1$　……④

③−① より　$3x+y=0$　……⑤

④−⑤ より　$x=1$

$x=1$ を④に代入すると　$y=-3$

$x=1,\ y=-3$ を①に代入すると

$$z=5$$

よって，この連立方程式の解は

$$\boldsymbol{x=1,\ y=-3,\ z=5}$$

(2)

$$\begin{cases} x-2y+z=5 & \cdots\cdots① \\ 2x-y-z=4 & \cdots\cdots② \\ 3x+6y+2z=2 & \cdots\cdots③ \end{cases}$$

①+② より　$3x-3y=9$

すなわち　$x-y=3$　……④

②×2+③ より　$7x+4y=10$　……⑤

④×4+⑤ より　$11x=22$

よって　$x=2$

$x=2$ を④に代入すると　$y=-1$

$x=2,\ y=-1$ を①に代入すると

$$z=1$$

よって，この連立方程式の解は

$$\boldsymbol{x=2,\ y=-1,\ z=1}$$

**181**　(1)　求める 2 次関数を

$$y=ax^2+bx+c$$

とおく。

グラフが 3 点 (−1, 2)，(1, 2)，(2, 8) を通ることから

$$\begin{cases} a-b+c=2 & \cdots\cdots① \\ a+b+c=2 & \cdots\cdots② \\ 4a+2b+c=8 & \cdots\cdots③ \end{cases}$$

②−① より　$2b=0$

すなわち　$b=0$　……④

④を①，③に代入すると

$$\begin{cases} a+c=2 \\ 4a+c=8 \end{cases}$$

これを解くと　$a=2$，$c=0$

よって，求める 2 次関数は

$\boldsymbol{y=2x^2}$

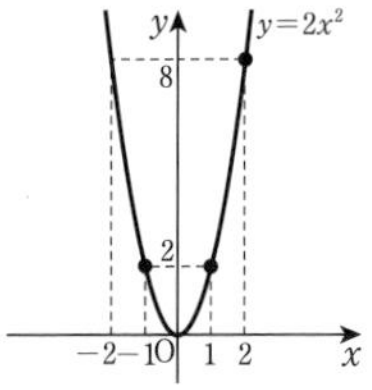


(2)　求める 2 次関数を

$y=ax^2+bx+c$

とおく。

グラフが 3 点 $(-2,\ 7)$，$(-1,\ 2)$，$(2,\ -1)$ を通ることから

$$\begin{cases} 4a-2b+c=7 & \cdots\cdots① \\ a-b+c=2 & \cdots\cdots② \\ 4a+2b+c=-1 & \cdots\cdots③ \end{cases}$$

①−② より　$3a-b=5$　……④

③−② より　$3a+3b=-3$

すなわち　$a+b=-1$　……⑤

④，⑤より $a$ と $b$ の値を求めると

$a=1$，$b=-2$

これらを②に代入して，$c$ の値を求めると

$c=-1$

よって，求める 2 次関数は

$\boldsymbol{y=x^2-2x-1}$

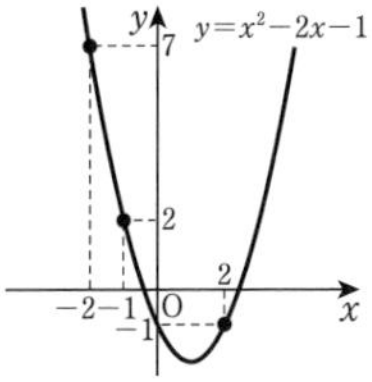


(3)　求める 2 次関数を

$y=ax^2+bx+c$

とおく。

グラフが 3 点 $(1,\ 2)$，$(3,\ 6)$，$(-2,\ 11)$ を通ることから

$$\begin{cases} a+b+c=2 & \cdots\cdots① \\ 9a+3b+c=6 & \cdots\cdots② \\ 4a-2b+c=11 & \cdots\cdots③ \end{cases}$$

②−① より　$8a+2b=4$

すなわち　$4a+b=2$　……④

③−① より　$3a-3b=9$

すなわち　$a-b=3$　……⑤

④，⑤より $a$ と $b$ の値を求めると

$a=1$，$b=-2$

これらを①に代入して，$c$ の値を求めると

$c=3$

よって，求める 2 次関数は

$\boldsymbol{y=x^2-2x+3}$

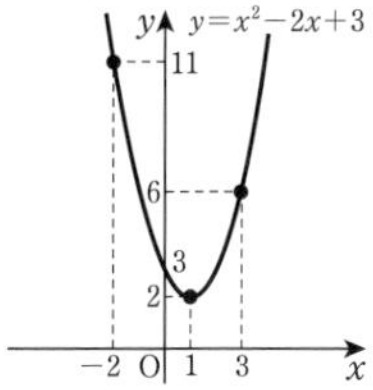


**182**　$y=x^2-4mx-5=(x-2m)^2-4m^2-5$

よって，この放物線の頂点は

点 $(2m,\ -4m^2-5)$

である。この点が直線 $y=-2x-8$ 上にあるから

$-4m^2-5=-2\times 2m-8$ より

$4m^2-4m-3=0$

ゆえに　$(2m-3)(2m+1)=0$

よって　$\boldsymbol{m=\frac{3}{2},\ -\frac{1}{2}}$

**183**　(1)　放物線 $y=x^2+2bx+c$ が点 $(1,\ 4)$ を通ることから

$4=1+2b+c$ より

$\boldsymbol{c=-2b+3}$

(2)　(1)より　$c=-2b+3$ であるから，これを $y=x^2+2bx+c$ に代入して

$y=x^2+2bx-2b+3$

$=(x+b)^2-b^2-2b+3$

よって，この放物線の頂点の座標は

$(-b,\ -b^2-2b+3)$

である。この点が直線 $y=-x+3$ 上にあるから

$-b^2-2b+3=-(-b)+3$

より　$b^2+3b=0$

よって，$b(b+3)=0$ より

$b=0,\ -3$
$b=0$ のとき　$c=3$
$b=-3$ のとき　$c=9$
したがって
$\begin{cases} \boldsymbol{b=0} \\ \boldsymbol{c=3} \end{cases}$　$\begin{cases} \boldsymbol{b=-3} \\ \boldsymbol{c=9} \end{cases}$

**184**　2次関数のグラフが $x$ 軸と2点 $(-4,\ 0)$ と $(2,\ 0)$ で交わるから，求める2次関数は
$y=a(x+4)(x-2)$
と表すことができる。
このグラフが点 $(3,\ -7)$ を通るから
$-7=a(3+4)(3-2)$
ゆえに　$a=-1$
よって，求める2次関数は
$\boldsymbol{y=-(x+4)(x-2)}$

**185**　(1)　$x+1=0$ または $x-2=0$
よって　$\boldsymbol{x=-1,\ 2}$
(2)　$2x+1=0$ または $3x-2=0$
よって　$\boldsymbol{x=-\frac{1}{2},\ \frac{2}{3}}$
(3)　左辺を因数分解すると
$(x+3)(x-1)=0$
よって　$x+3=0$　または　$x-1=0$
したがって　$\boldsymbol{x=-3,\ 1}$
(4)　左辺を因数分解すると
$(x-3)(x-4)=0$
よって　$x-3=0$　または　$x-4=0$
したがって　$\boldsymbol{x=3,\ 4}$
(5)　左辺を因数分解すると
$(x+5)(x-5)=0$
よって　$x+5=0$　または　$x-5=0$
したがって　$\boldsymbol{x=-5,\ 5}$
(6)　左辺を因数分解すると
$x(x+4)=0$
よって　$x=0$　または　$x+4=0$
したがって　$\boldsymbol{x=0,\ -4}$

**186**　(1)　$x=\frac{-3\pm\sqrt{3^2-4\times1\times1}}{2\times1}$
$=\boldsymbol{\frac{-3\pm\sqrt{5}}{2}}$
(2)　$x=\frac{-(-5)\pm\sqrt{(-5)^2-4\times1\times3}}{2\times1}$
$=\boldsymbol{\frac{5\pm\sqrt{13}}{2}}$
(3)　$x=\frac{-(-5)\pm\sqrt{(-5)^2-4\times3\times(-1)}}{2\times3}$
$=\boldsymbol{\frac{5\pm\sqrt{37}}{6}}$
(4)　$x=\frac{-8\pm\sqrt{8^2-4\times3\times2}}{2\times3}$
$=\frac{-8\pm2\sqrt{10}}{6}$
$=\boldsymbol{\frac{-4\pm\sqrt{10}}{3}}$
(5)　$x=\frac{-6\pm\sqrt{6^2-4\times1\times(-8)}}{2\times1}$
$=\frac{-6\pm2\sqrt{17}}{2}$
$=\boldsymbol{-3\pm\sqrt{17}}$
(6)　左辺を因数分解して
$(2x+1)(3x-4)=0$
よって　$2x+1=0$　または　$3x-4=0$
したがって　$\boldsymbol{x=-\frac{1}{2},\ \frac{4}{3}}$

**187**　判別式を $D$ とおく。
(1)　$D=(-5)^2-4\times3\times2=1$ より　$D>0$
よって，実数解の個数は**2個**である。
(2)　$D=(-1)^2-4\times1\times3=-11$ より　$D<0$
よって，実数解の個数は**0個**である。
(3)　$D=6^2-4\times3\times(-1)=48$ より　$D>0$
よって，実数解の個数は**2個**である。
(4)　$D=(-4)^2-4\times4\times1=0$
よって，実数解の個数は**1個**である。

**188**　2次方程式 $3x^2-4x-m=0$ の判別式を $D$ とすると
$D=(-4)^2-4\times3\times(-m)$
$=16+12m$
この2次方程式が異なる2つの実数解をもつためには，$D>0$ であればよい。
よって，$16+12m>0$ より
$\boldsymbol{m>-\frac{4}{3}}$

**189**　2次方程式 $2x^2+4mx+5m+3=0$ の判別式を $D$ とすると
$D=(4m)^2-4\times2\times(5m+3)$
$=16m^2-40m-24$
この2次方程式が重解をもつためには，$D=0$ であればよい。

よって　$16m^2-40m-24=0$

$2m^2-5m-3=0$

$(2m+1)(m-3)=0$

より　**$m=-\frac{1}{2}$, 3**

$m=-\frac{1}{2}$ のとき，2 次方程式は $2x^2-2x+\frac{1}{2}=0$ となり

$4x^2-4x+1=0$

$(2x-1)^2=0$

より，重解は　**$x=\frac{1}{2}$**

$m=3$ のとき，2 次方程式は $2x^2+12x+18=0$ となり

$x^2+6x+9=0$

$(x+3)^2=0$

より，重解は　**$x=-3$**

**190** (1) 2 次関数 $y=x^2+5x+6$ のグラフと $x$ 軸の共有点の $x$ 座標は，2 次方程式 $x^2+5x+6=0$ の解である。
左辺を因数分解して

$(x+2)(x+3)=0$ より　$x=-2, -3$

よって，共有点の $x$ 座標は　**−2, −3**

(2) 2 次関数 $y=x^2-3x-4$ のグラフと $x$ 軸の共有点の $x$ 座標は，2 次方程式 $x^2-3x-4=0$ の解である。左辺を因数分解して

$(x+1)(x-4)=0$ より　$x=-1, 4$

よって，共有点の $x$ 座標は　**−1, 4**

(3) 2 次関数 $y=-x^2+7x-12$ のグラフと $x$ 軸の共有点の $x$ 座標は，2 次方程式 $-x^2+7x-12=0$ すなわち $x^2-7x+12=0$ の解である。左辺を因数分解して

$(x-3)(x-4)=0$ より　$x=3, 4$

よって，共有点の $x$ 座標は　**3, 4**

(4) 2 次関数 $y=-x^2-6x-8$ のグラフと $x$ 軸の共有点の $x$ 座標は，2 次方程式 $-x^2-6x-8=0$ すなわち $x^2+6x+8=0$ の解である。左辺を因数分解して

$(x+2)(x+4)=0$ より　$x=-2, -4$

よって，共有点の $x$ 座標は　**−2, −4**

**191** (1) 2 次方程式 $x^2-4x+2=0$ の判別式を $D$ とすると

$D=(-4)^2-4\times1\times2=8$ より　$D>0$

よって，この 2 次関数のグラフと $x$ 軸の共有点の個数は　**2 個**

(2) 2 次方程式 $2x^2-12x+18=0$ すなわち $x^2-6x+9=0$ の判別式を $D$ とすると

$D=(-6)^2-4\times1\times9=0$

よって，この 2 次関数のグラフと $x$ 軸の共有点の個数は　**1 個**

(3) 2 次方程式 $-3x^2+5x-1=0$ の判別式を $D$ とすると

$D=5^2-4\times(-3)\times(-1)=13$ より　$D>0$

よって，この 2 次関数のグラフと $x$ 軸の共有点の個数は　**2 個**

(4) 2 次方程式 $x^2+2=0$ の判別式を $D$ とすると

$D=0^2-4\times1\times2=-8$ より　$D<0$

よって，この 2 次関数のグラフと $x$ 軸の共有点の個数は　**0 個**

(5) 2 次方程式 $x^2-2x=0$ の判別式を $D$ とすると

$D=(-2)^2-4\times1\times0=4$ より　$D>0$

よって，この 2 次関数のグラフと $x$ 軸の共有点の個数は　**2 個**

(6) 2 次方程式 $3x^2+3x+1=0$ の判別式を $D$ とすると

$D=3^2-4\times3\times1=-3$ より　$D<0$

よって，この 2 次関数のグラフと $x$ 軸の共有点の個数は　**0 個**

**192** (1) 2 次方程式 $x^2-4x-2m=0$ の判別式を $D$ とすると

$D=(-4)^2-4\times1\times(-2m)$

$=16+8m$

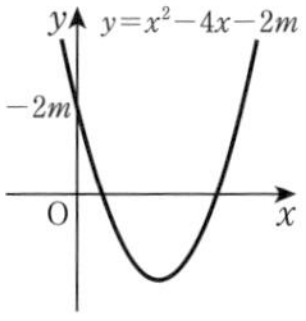


グラフと $x$ 軸の共有点の個数が 2 個であるためには，$D>0$ であればよい。
よって，$16+8m>0$ より

**$m>-2$**

(2) 2 次方程式 $-x^2+4x+3m-2=0$ の判別式を $D$ とすると

$D=4^2-4\times(-1)\times(3m-2)$

$=12m+8$

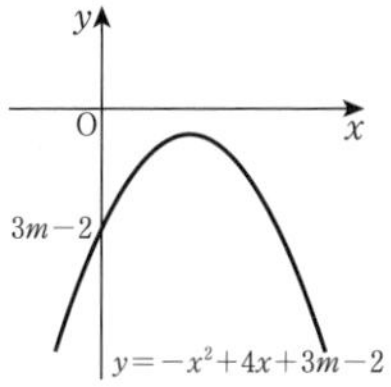


グラフと $x$ 軸の共有点がないためには，$D<0$ であればよい。
よって，

$12m+8<0$ より

**$m<-\frac{2}{3}$**

**193**　2次方程式 $x^2+(m+2)x+2m+5=0$ の判別式を$D$とすると

$$D=(m+2)^2-4\times1\times(2m+5)$$
$$=m^2-4m-16$$

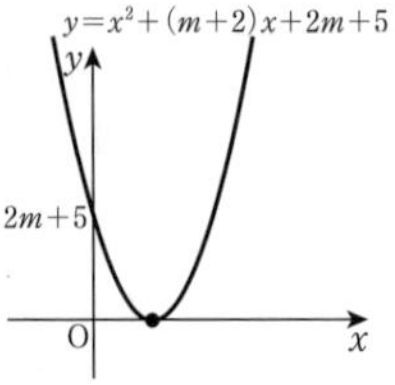


グラフが$x$軸に接するためには $D=0$ であればよい。ゆえに

$$m^2-4m-16=0$$

これを解くと

$$m=\frac{-(-4)\pm\sqrt{(-4)^2-4\times1\times(-16)}}{2\times1}$$
$$=\frac{4\pm\sqrt{80}}{2}=\frac{4\pm4\sqrt{5}}{2}=2\pm2\sqrt{5}$$

よって　　$\boldsymbol{m=2\pm2\sqrt{5}}$

**194**　考え方　$y=0$ とおいた2次方程式の解 $\alpha$, $\beta\ (\beta>\alpha)$ を求め，$\beta-\alpha$ を計算する。

(1)　2次方程式 $2x^2-5x+3=0$ を解くと

$(x-1)(2x-3)=0$ より

$$x=1,\ \frac{3}{2}$$

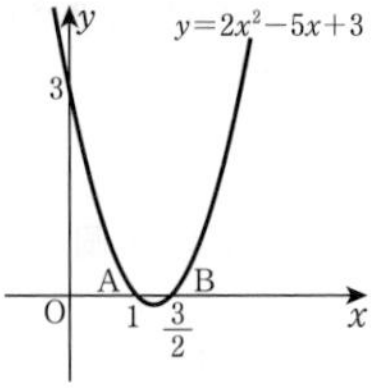


よって，ABの長さは

$$\mathrm{AB}=\frac{3}{2}-1$$
$$=\boldsymbol{\frac{1}{2}}$$

(2)　2次方程式 $-3x^2+x+5=0$

すなわち　$3x^2-x-5=0$ を解くと

解の公式より

$$x=\frac{-(-1)\pm\sqrt{(-1)^2-4\times3\times(-5)}}{2\times3}$$
$$=\frac{1\pm\sqrt{61}}{6}$$

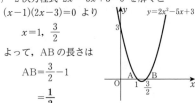

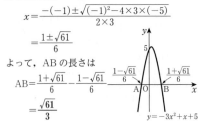

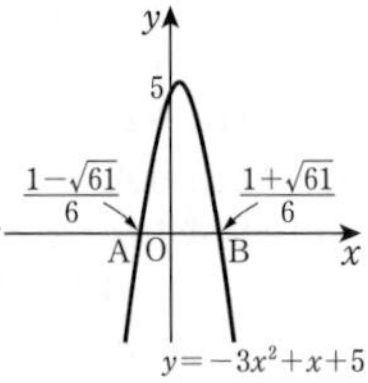


よって，ABの長さは

$$\mathrm{AB}=\frac{1+\sqrt{61}}{6}-\frac{1-\sqrt{61}}{6}$$
$$=\boldsymbol{\frac{\sqrt{61}}{3}}$$

**195**　2次方程式 $-x^2+2x-2m+3=0$

すなわち　$x^2-2x+2m-3=0$ の判別式を$D$とすると

$$D=(-2)^2-4\times1\times(2m-3)$$
$$=-8m+16$$
$$=-8(m-2)$$

$D>0$　すなわち　$m<2$ のとき，

$x$軸との共有点の個数は　2個

$D=0$　すなわち　$m=2$ のとき，

$x$軸との共有点の個数は　1個

$D<0$　すなわち　$m>2$ のとき，

$x$軸との共有点の個数は　0個

したがって，$x$軸との共有点の個数は

**$m<2$ のとき　2個**

**$m=2$ のとき　1個**

**$m>2$ のとき　0個**

**196**　(1)　グラフが下に凸であるから

$a>0$

軸は$y$軸より左側にあるから　$-\dfrac{b}{2a}<0$

ここで　$a>0$ より

$b>0$

$y$軸との交点の$y$座標は負であるから

$c<0$

このグラフは$x$軸と異なる2点で交わるから

$b^2-4ac>0$

$f(x)=ax^2+bx+c$ とおくと

$f(1)=a+b+c$, $f(-1)=a-b+c$

グラフより，$f(1)>0$, $f(-1)<0$ であるから

$a+b+c>0$, $a-b+c<0$

したがって

$\boldsymbol{a>0,\ b>0,\ c<0,\ b^2-4ac>0,}$

$\boldsymbol{a+b+c>0,\ a-b+c<0}$

(2)　グラフが上に凸であるから

$a<0$

軸は$y$軸より左側にあるから　$-\dfrac{b}{2a}<0$

ここで $a<0$ より

$b<0$

$y$軸との交点の$y$座標は負であるから

$c<0$

このグラフは$x$軸と異なる2点で交わるから

$b^2-4ac>0$

$f(x)=ax^2+bx+c$ とおくと

$f(1)=a+b+c$, $f(-1)=a-b+c$

グラフより，$f(1)<0$, $f(-1)>0$　であるから

$a+b+c<0$, $a-b+c>0$

したがって

$\boldsymbol{a<0,\ b<0,\ c<0,\ b^2-4ac>0,}$

$\boldsymbol{a+b+c<0,\ a-b+c>0}$

**197** (1) 共有点の $x$ 座標は，
$x^2+4x-1=2x+3$ すなわち $x^2+2x-4=0$
の実数解である。
これを解くと $x=-1\pm\sqrt{5}$
$y=2x+3$ に代入すると
$x=-1+\sqrt{5}$ のとき $y=1+2\sqrt{5}$
$x=-1-\sqrt{5}$ のとき $y=1-2\sqrt{5}$
よって，共有点の座標は
$\boldsymbol{(-1+\sqrt{5},\ 1+2\sqrt{5}),\ (-1-\sqrt{5},\ 1-2\sqrt{5})}$

(2) 共有点の $x$ 座標は，
$-x^2+3x+1=-x+5$ すなわち
$x^2-4x+4=0$ の実数解である。
これを解くと $x=2$
$y=-x+5$ に代入すると
$x=2$ のとき $y=3$
よって，共有点の座標は
$\boldsymbol{(2,\ 3)}$

**198** 共有点の $x$ 座標は，
$-x^2+x-1=x^2-2x$ すなわち $2x^2-3x+1=0$
の実数解である。
これを解くと $(2x-1)(x-1)=0$ より
$x=\dfrac{1}{2},\ 1$
$y=x^2-2x$ に代入すると
$x=\dfrac{1}{2}$ のとき $y=-\dfrac{3}{4}$
$x=1$ のとき $y=-1$
よって，共有点の座標は
$\boldsymbol{\left(\dfrac{1}{2},\ -\dfrac{3}{4}\right),\ (1,\ -1)}$

**199** (1) $3x<15$ より $\boldsymbol{x<5}$
(2) $-2x\geqq-5$ より $\boldsymbol{x\leqq\dfrac{5}{2}}$

**200** (1) 2次方程式 $(x-3)(x-5)=0$ を解くと
$x=3,\ 5$
よって $(x-3)(x-5)<0$
の解は
$\boldsymbol{3<x<5}$

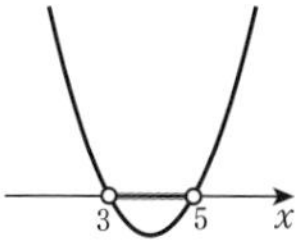


(2) 2次方程式 $(x-1)(x+2)=0$ を解くと
$x=1,\ -2$
よって
$(x-1)(x+2)\leqq0$

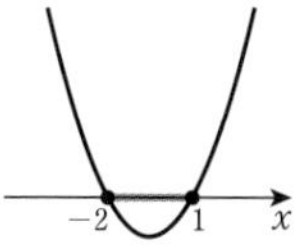


の解は
$\boldsymbol{-2\leqq x\leqq1}$

(3) 2次方程式 $(x+3)(x-2)=0$ を解くと
$x=-3,\ 2$
よって
$(x+3)(x-2)>0$
の解は
$\boldsymbol{x<-3,\ 2<x}$

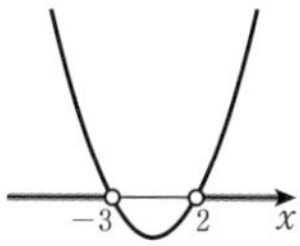


(4) 2次方程式 $x(x+4)=0$ を解くと
$x=0,\ -4$
よって
$x(x+4)\geqq0$
の解は
$\boldsymbol{x\leqq-4,\ 0\leqq x}$

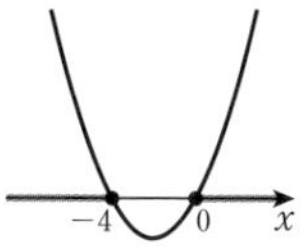


(5) 2次方程式 $x^2-3x-40=0$ を解くと
$(x+5)(x-8)=0$ より $x=-5,\ 8$
よって
$x^2-3x-40<0$
の解は
$\boldsymbol{-5<x<8}$

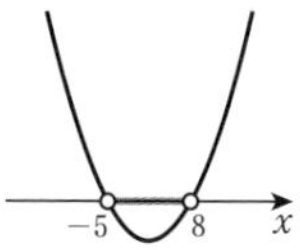


(6) 2次方程式 $x^2-7x+10=0$ を解くと
$(x-2)(x-5)=0$ より $x=2,\ 5$
よって
$x^2-7x+10\geqq0$
の解は
$\boldsymbol{x\leqq2,\ 5\leqq x}$

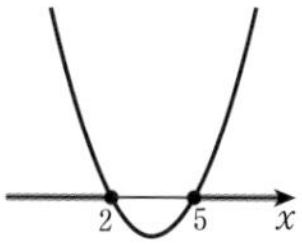


(7) 2次方程式 $x^2-16=0$ を解くと
$(x+4)(x-4)=0$ より $x=-4,\ 4$
よって
$x^2-16>0$
の解は
$\boldsymbol{x<-4,\ 4<x}$

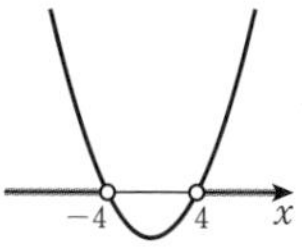


(8) 2次方程式 $x^2+x=0$ を解くと
$x(x+1)=0$ より $x=0,\ -1$
よって
$x^2+x<0$
の解は
$\boldsymbol{-1<x<0}$

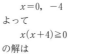

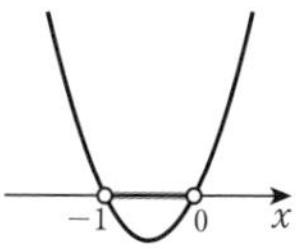

**201** (1)　2次方程式 $(2x-1)(3x+2)=0$ を解くと　$x=\frac{1}{2},\ -\frac{2}{3}$

よって

$(2x-1)(3x+2)<0$

の解は

$$-\frac{2}{3}<x<\frac{1}{2}$$

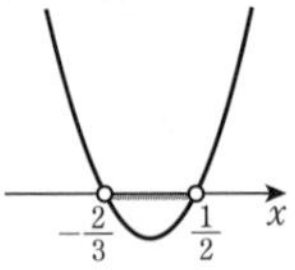


(2)　2次方程式 $(5x+3)(2x-3)=0$ を解くと

$x=-\frac{3}{5},\ \frac{3}{2}$

よって

$(5x+3)(2x-3)\geqq 0$

の解は

$$x\leqq-\frac{3}{5},\ \frac{3}{2}\leqq x$$

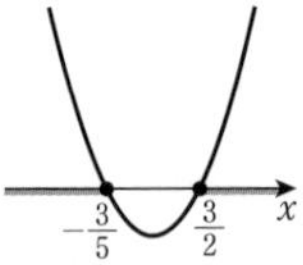


(3)　2次方程式 $2x^2-5x-3=0$ を解くと

$(x-3)(2x+1)=0$ より　　$x=3,\ -\frac{1}{2}$

よって

$2x^2-5x-3>0$

の解は

$$x<-\frac{1}{2},\ 3<x$$

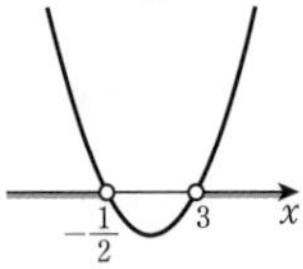


(4)　2次方程式 $3x^2-7x+4=0$ を解くと

$(x-1)(3x-4)=0$ より　　$x=1,\ \frac{4}{3}$

よって

$3x^2-7x+4\leqq 0$

の解は

$$1\leqq x\leqq\frac{4}{3}$$

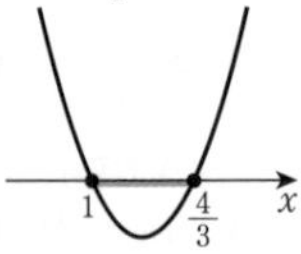


(5)　2次方程式 $6x^2+x-2=0$ を解くと

$(2x-1)(3x+2)=0$ より　　$x=\frac{1}{2},\ -\frac{2}{3}$

よって

$6x^2+x-2<0$

の解は

$$-\frac{2}{3}<x<\frac{1}{2}$$

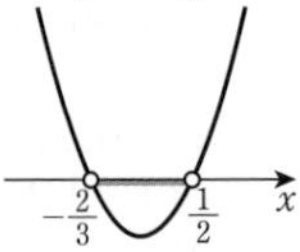


(6)　2次方程式 $10x^2-9x-9=0$ を解くと

$(2x-3)(5x+3)=0$ より　　$x=\frac{3}{2},\ -\frac{3}{5}$

よって

$10x^2-9x-9\geqq 0$

の解は

$$x\leqq-\frac{3}{5},\ \frac{3}{2}\leqq x$$

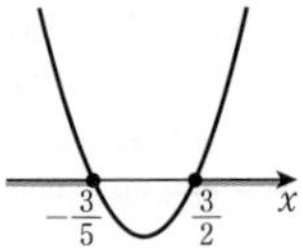


**202** (1)　2次方程式 $x^2-2x-4=0$ を解くと

$$x=\frac{-(-2)\pm\sqrt{(-2)^2-4\times1\times(-4)}}{2\times1}$$

$$=\frac{2\pm\sqrt{20}}{2}=\frac{2\pm2\sqrt{5}}{2}=1\pm\sqrt{5}$$

よって

$x^2-2x-4\geqq 0$

の解は

$$x\leqq1-\sqrt{5},\ 1+\sqrt{5}\leqq x$$

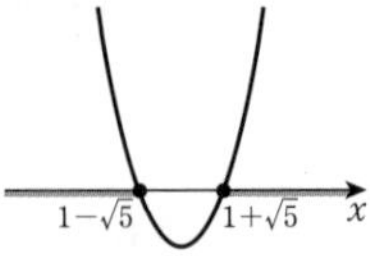


(2)　2次方程式 $x^2+5x+3=0$ を解くと

$$x=\frac{-5\pm\sqrt{5^2-4\times1\times3}}{2\times1}$$

$$=\frac{-5\pm\sqrt{13}}{2}$$

よって

$x^2+5x+3\leqq 0$

の解は

$$\frac{-5-\sqrt{13}}{2}\leqq x\leqq\frac{-5+\sqrt{13}}{2}$$

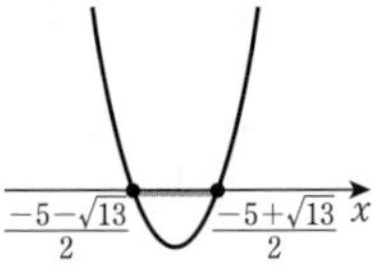


(3)　2次方程式 $2x^2-x-2=0$ を解くと

$$x=\frac{-(-1)\pm\sqrt{(-1)^2-4\times2\times(-2)}}{2\times2}$$

$$=\frac{1\pm\sqrt{17}}{4}$$

よって

$2x^2-x-2>0$

の解は

$$x<\frac{1-\sqrt{17}}{4},\ \frac{1+\sqrt{17}}{4}<x$$

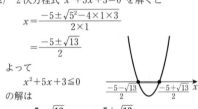

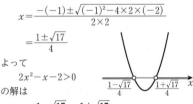

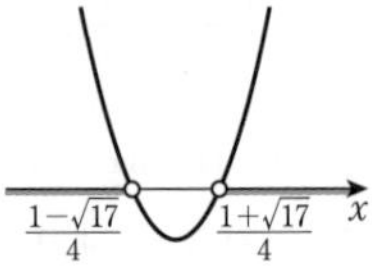


(4)　2次方程式 $3x^2+2x-2=0$ を解くと

$$x=\frac{-2\pm\sqrt{2^2-4\times3\times(-2)}}{2\times3}$$

$$=\frac{-2\pm\sqrt{28}}{6}=\frac{-2\pm2\sqrt{7}}{6}$$

$=\dfrac{-1\pm\sqrt{7}}{3}$

よって

$3x^2+2x-2<0$

の解は

$\boldsymbol{\dfrac{-1-\sqrt{7}}{3}<x<\dfrac{-1+\sqrt{7}}{3}}$

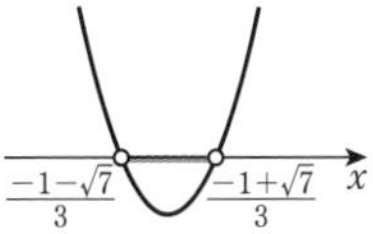


**203** (1) $-x^2-2x+8<0$ の両辺に $-1$ を掛けると

$x^2+2x-8>0$

ここで，2 次方程式 $x^2+2x-8=0$ を解くと

$(x+4)(x-2)=0$ より　$x=-4,\ 2$

よって，$-x^2-2x+8<0$ の解は

$\boldsymbol{x<-4,\ 2<x}$

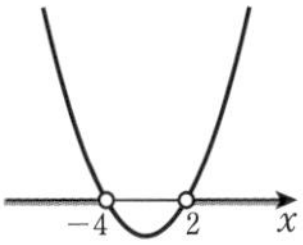


(2) $-2x^2+x+3\geqq 0$ の両辺に $-1$ を掛けると

$2x^2-x-3\leqq 0$

ここで，2 次方程式 $2x^2-x-3=0$ を解くと

$(x+1)(2x-3)=0$ より　$x=-1,\ \dfrac{3}{2}$

よって，$-2x^2+x+3\geqq 0$ の解は

$\boldsymbol{-1\leqq x\leqq \dfrac{3}{2}}$

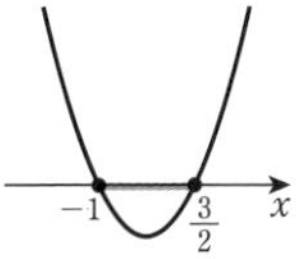


(3) $-x^2+4x-1\leqq 0$ の両辺に $-1$ を掛けると

$x^2-4x+1\geqq 0$

ここで，2 次方程式 $x^2-4x+1=0$ を解くと

$x=\dfrac{-(-4)\pm\sqrt{(-4)^2-4\times 1\times 1}}{2\times 1}$

$=\dfrac{4\pm\sqrt{12}}{2}=\dfrac{4\pm 2\sqrt{3}}{2}=2\pm\sqrt{3}$

よって，$-x^2+4x-1\leqq 0$ の解は

$\boldsymbol{x\leqq 2-\sqrt{3},\ 2+\sqrt{3}\leqq x}$

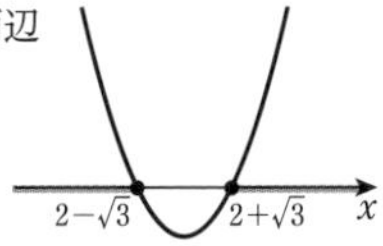


(4) $-2x^2-x+4>0$ の両辺に $-1$ を掛けると

$2x^2+x-4<0$

ここで，2 次方程式 $2x^2+x-4=0$ を解くと

$x=\dfrac{-1\pm\sqrt{1^2-4\times 2\times(-4)}}{2\times 2}$

$=\dfrac{-1\pm\sqrt{33}}{4}$

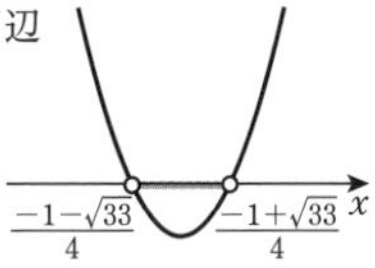


よって，$-2x^2-x+4>0$ の解は

$\boldsymbol{\dfrac{-1-\sqrt{33}}{4}<x<\dfrac{-1+\sqrt{33}}{4}}$

**204** (1) 2 次方程式 $(x-2)^2=0$ は重解 $x=2$ をもつ。

よって，$(x-2)^2>0$ の解は

**$x=2$ 以外のすべての実数**

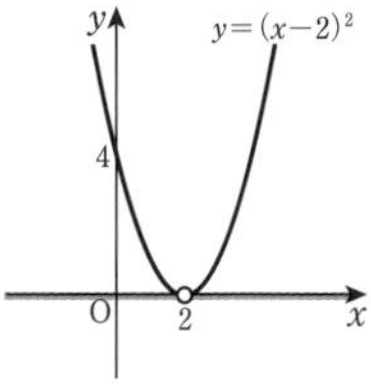


(2) 2 次方程式 $(2x+3)^2=0$ は

重解 $x=-\dfrac{3}{2}$ をもつ。

よって，$(2x+3)^2\leqq 0$ の解は

$\boldsymbol{x=-\dfrac{3}{2}}$

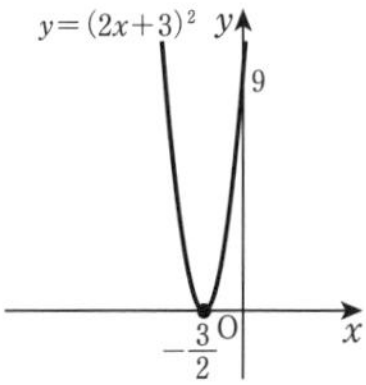


(3) 2 次方程式 $x^2+4x+4=0$ は

$(x+2)^2=0$ より重解 $x=-2$ をもつ。

よって，$x^2+4x+4<0$ の解は

**ない**

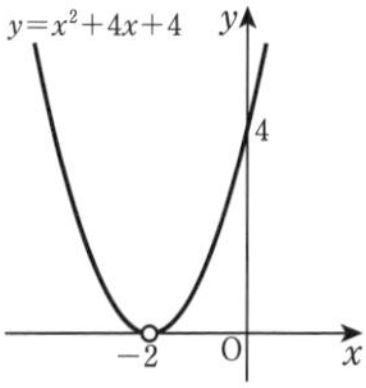


(4) 2 次方程式 $x^2-12x+36=0$ は

$(x-6)^2=0$ より重解 $x=6$ をもつ。

よって，

$x^2-12x+36\geqq 0$ の解は

**すべての実数**

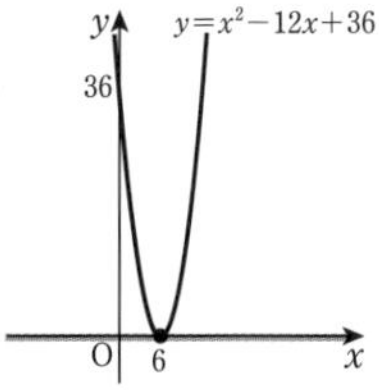


(5) 2 次方程式 $9x^2+6x+1=0$ は

$(3x+1)^2=0$ より

重解 $x=-\dfrac{1}{3}$ をもつ。

よって，

$9x^2+6x+1\leqq 0$ の解は

$\boldsymbol{x=-\dfrac{1}{3}}$

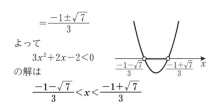

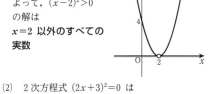

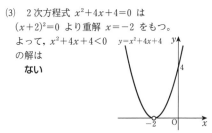

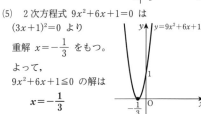

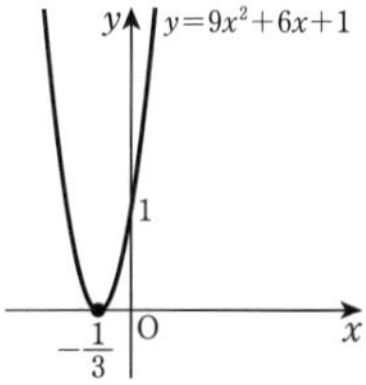

(6)　2次方程式 $4x^2-12x+9=0$ は

$(2x-3)^2=0$ より重解 $x=\dfrac{3}{2}$ をもつ。

よって，

$4x^2-12x+9>0$ の解は

$\boldsymbol{x=\dfrac{3}{2}}$ **以外のすべての実数**

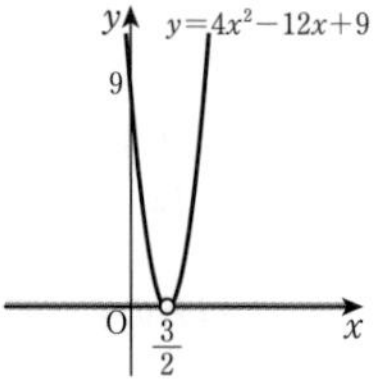


**205**　(1)　2次方程式 $x^2+4x+5=0$ の判別式を$D$とすると

$$D=4^2-4\times1\times5=-4<0$$

より，この2次方程式は実数解をもたない。

よって，

$$x^2+4x+5>0$$

の解は

**すべての実数**

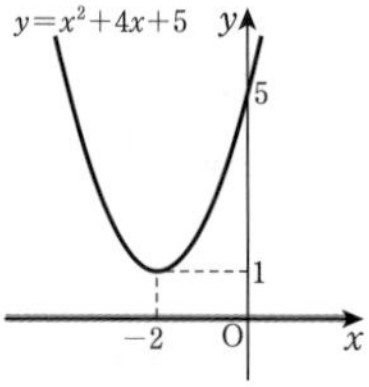


(2)　2次方程式 $3x^2-6x+4=0$ の判別式を$D$とすると

$$D=(-6)^2-4\times3\times4=-12<0$$

より，この2次方程式は実数解をもたない。

よって，

$$3x^2-6x+4\leqq0$$

の解は　**ない**

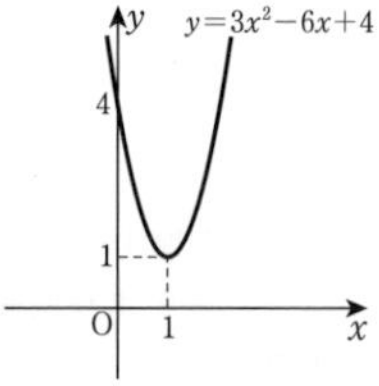


(3)　2次不等式 $-x^2+2x-3\leqq0$ の両辺に $-1$ を掛けると

$$x^2-2x+3\geqq0$$

2次方程式 $x^2-2x+3=0$ の判別式を$D$とすると

$$D=(-2)^2-4\times1\times3=-8<0$$

より，この2次方程式は実数解をもたない。

よって，

$$x^2-2x+3\geqq0$$

すなわち

$$-x^2+2x-3\leqq0$$

の解は

**すべての実数**

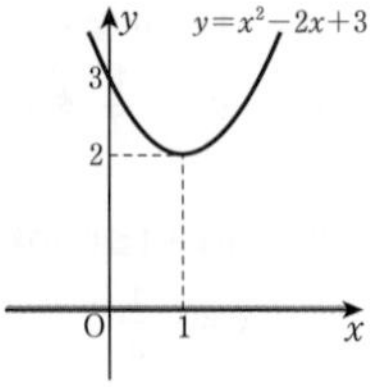


(4)　2次方程式 $2x^2-8x+9=0$ の判別式を$D$とすると

$$D=(-8)^2-4\times2\times9$$
$$=-8<0$$

より，この2次方程式は実数解をもたない。

よって，

$2x^2-8x+9\geqq0$ の解は

**すべての実数**

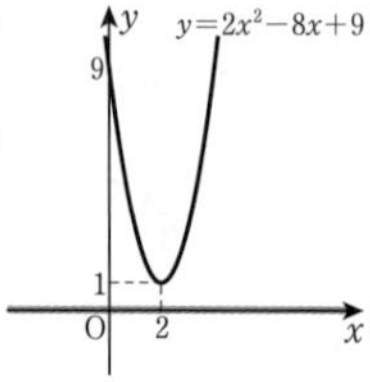


**206**　(1)　$3-2x-x^2>0$ を整理すると

$x^2+2x-3<0$ より

$$(x+3)(x-1)<0$$

よって

$\boldsymbol{-3<x<1}$

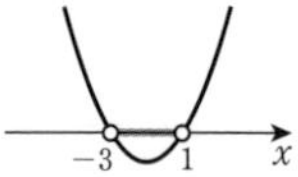


(2)　$3-x>2x^2$ を整理すると

$2x^2+x-3<0$ より

$$(x-1)(2x+3)<0$$

よって

$\boldsymbol{-\dfrac{3}{2}<x<1}$

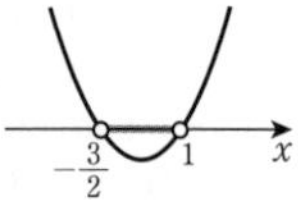


(3)　$5+3x+2x^2\geqq x^2+7x+2$ を整理すると

$x^2-4x+3\geqq0$ より

$$(x-1)(x-3)\geqq0$$

よって

$\boldsymbol{x\leqq1,\ 3\leqq x}$

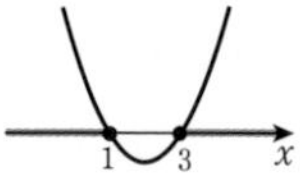


(4)　$1-x-x^2>2x^2+8x-2$ を整理すると

$3x^2+9x-3<0$　より

$$x^2+3x-1<0$$

$x^2+3x-1=0$ を解くと，解の公式より

$$x=\frac{-3\pm\sqrt{3^2-4\times1\times(-1)}}{2\times1}$$
$$=\frac{-3\pm\sqrt{13}}{2}$$

よって，2次不等式 $x^2+3x-1<0$ の解は

$$\boldsymbol{\frac{-3-\sqrt{13}}{2}<x<\frac{-3+\sqrt{13}}{2}}$$

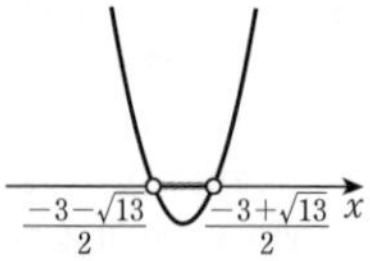


**207**　(1)　$2x+6<0$ を解くと

$x<-3$　　　……①

$x^2+6x+8\geqq0$ を解くと

$(x+2)(x+4)\geqq 0$ より

$x\leqq -4,\ -2\leqq x$ ……②

①，②より，連立不等式の解は

$\boldsymbol{x\leqq -4}$

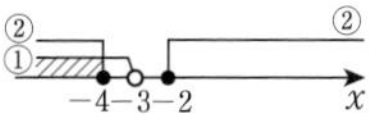

(2) $-2x+7>0$ を解くと

$x<\dfrac{7}{2}$ ……①

$x^2-6x-16\leqq 0$ を解くと

$(x+2)(x-8)\leqq 0$ より

$-2\leqq x\leqq 8$ ……②

①，②より，連立不等式の解は

$\boldsymbol{-2\leqq x<\dfrac{7}{2}}$

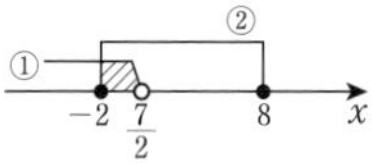

**208** (1) $x^2+4x-5\leqq 0$ を解くと

$(x+5)(x-1)\leqq 0$ より

$-5\leqq x\leqq 1$ ……①

$x^2-2x-8>0$ を解くと

$(x+2)(x-4)>0$ より

$x<-2,\ 4<x$ ……②

①，②より，連立不等式の解は

$\boldsymbol{-5\leqq x<-2}$

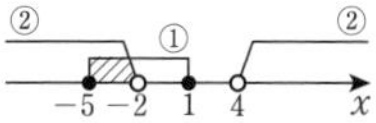

(2) $x^2-5x+6>0$ を解くと

$(x-2)(x-3)>0$ より

$x<2,\ 3<x$ ……①

$2x^2-x-10>0$ を解くと

$(x+2)(2x-5)>0$ より

$x<-2,\ \dfrac{5}{2}<x$ ……②

①，②より，連立不等式の解は

$\boldsymbol{x<-2,\ 3<x}$

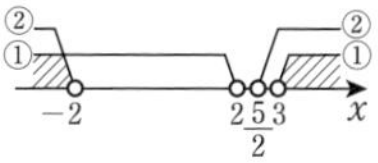

(3) $x^2+4x+3\leqq 0$ を解くと

$(x+1)(x+3)\leqq 0$ より

$-3\leqq x\leqq -1$ ……①

$x^2+7x+10<0$ を解くと

$(x+2)(x+5)<0$ より

$-5<x<-2$ ……②

①，②より，連立不等式の解は

$\boldsymbol{-3\leqq x<-2}$

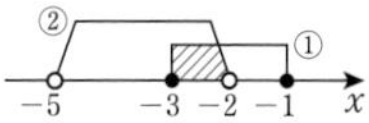

(4) $x^2-x-6<0$ を解くと

$(x+2)(x-3)<0$ より

$-2<x<3$ ……①

$x^2-2x>0$ を解くと

$x(x-2)>0$ より

$x<0,\ 2<x$ ……②

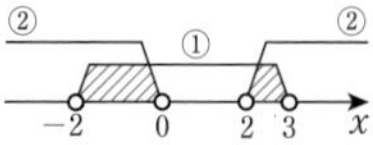

①，②より，連立不等式の解は

$\boldsymbol{-2<x<0,\ 2<x<3}$

**209** (1) 与えられた不等式は $\begin{cases}4<x^2-3x\\ x^2-3x\leqq 10\end{cases}$

と表される。

$4<x^2-3x$ を解くと

$x^2-3x-4>0$ より $(x+1)(x-4)>0$

よって $x<-1,\ 4<x$ ……①

$x^2-3x\leqq 10$ を解くと

$x^2-3x-10\leqq 0$ より $(x+2)(x-5)\leqq 0$

よって $-2\leqq x\leqq 5$ ……②

①，②より，連立不等式の解は

$\boldsymbol{-2\leqq x<-1,}$

$\boldsymbol{4<x\leqq 5}$

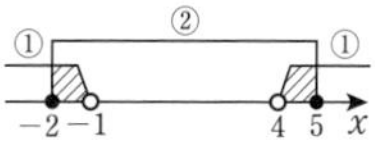

(2) 与えられた不等式は $\begin{cases}7x-4\leqq x^2+2x\\ x^2+2x<4x+3\end{cases}$ と表される。

$7x-4\leqq x^2+2x$ を解くと

$x^2-5x+4\geqq 0$ より $(x-1)(x-4)\geqq 0$

よって $x\leqq 1,\ 4\leqq x$ ……①

$x^2+2x<4x+3$ を解くと

$x^2-2x-3<0$ より $(x+1)(x-3)<0$

よって $-1<x<3$ ……②

①，②より，連立不等式の解は

$\boldsymbol{-1<x\leqq 1}$

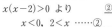

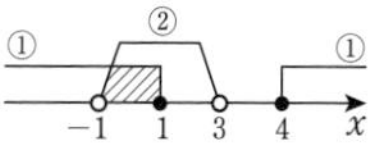

**210** 道の幅を $x$ m とする。道の幅は正で，長方形の辺の長さより短いから，

$x>0,\ x<6,\ x<10$ より

$0<x<6$ ……①

道の面積をもとの花壇全体の $\dfrac{1}{4}$ 以下になるよう

にしたいから

$6\times x+10\times x-x^2\leqq\frac{1}{4}\times6\times10$ より

$x^2-16x+15\geqq0$

これを解くと

$(x-1)(x-15)\geqq0$ より

$x\leqq1,\ 15\leqq x$ ……②

①，②を同時に満たす $x$ の値の範囲は

$0<x\leqq1$

したがって，道の幅を

**1 m 以下** にすればよい。

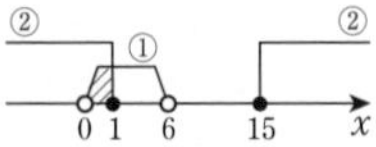


**211** 考え方 2次不等式の解を求め，その中に含まれる整数を求める。

(1) $x^2-x-12<0$ を解くと

$(x+3)(x-4)<0$ より

$-3<x<4$

よって，$x^2-x-12<0$ を満たす整数 $x$ は

$\boldsymbol{x=-2,\ -1,\ 0,\ 1,\ 2,\ 3}$

(2) $x^2-4x-2=0$ を解くと，解の公式より

$$x=\frac{-(-4)\pm\sqrt{(-4)^2-4\times1\times(-2)}}{2\times1}$$

$$=\frac{4\pm\sqrt{24}}{2}=\frac{4\pm2\sqrt{6}}{2}=2\pm\sqrt{6}$$

ゆえに，$x^2-4x-2<0$ の解は

$2-\sqrt{6}<x<2+\sqrt{6}$

ここで，$\sqrt{4}<\sqrt{6}<\sqrt{9}$ より

$2<\sqrt{6}<3,\ -3<-\sqrt{6}<-2$

であるから

$-1<2-\sqrt{6}<0,\ 4<2+\sqrt{6}<5$

したがって，$x^2-4x-2<0$ を満たす整数 $x$ は

$0\leqq x\leqq4$ より

$\boldsymbol{x=0,\ 1,\ 2,\ 3,\ 4}$

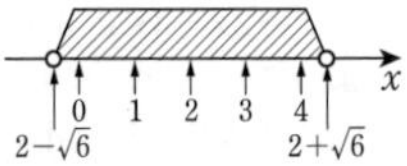


**212** $x^2+4mx+11m-6=0$ の判別式を $D$ とすると

$D=(4m)^2-4\times1\times(11m-6)$

$=16m^2-44m+24$

この2次方程式が異なる2つの実数解をもつためには，$D>0$ であればよい。

ゆえに $16m^2-44m+24>0$

より $(4m-3)(m-2)>0$

よって $\boldsymbol{m<\frac{3}{4},\ 2<m}$

**213** 2次方程式 $x^2-mx+2m+5=0$ の判別式を $D$ とすると

$D=(-m)^2-4\times1\times(2m+5)$

$=m^2-8m-20$

この2次方程式が実数解をもたないためには，$D<0$ であればよい。

ゆえに $m^2-8m-20<0$

より $(m+2)(m-10)<0$

よって $\boldsymbol{-2<m<10}$

**214** $f(x)=x^2+4mx-m+3$ とおき，変形すると $f(x)=(x+2m)^2-4m^2-m+3$

2次方程式 $f(x)=0$ が異なる2つの正の実数解をもつのは，2次関数 $y=f(x)$ のグラフが $x$ 軸の正の部分と異なる2点で交わるとき，すなわち次の(i)，(ii)，(iii)が同時に成り立つときである。

(i) グラフが $x$ 軸と異なる2点で交わる

2次方程式 $x^2+4mx-m+3=0$ の判別式を $D$ とすると

$D=(4m)^2-4\times1\times(-m+3)$

$=16m^2+4m-12$

$D>0$ であればよいから $4m^2+m-3>0$

よって $(m+1)(4m-3)>0$

より $m<-1,\ \frac{3}{4}<m$ ……①

(ii) グラフの軸が $x>0$ の部分にある

軸が直線 $x=-2m$ であることより

$-2m>0$

よって $m<0$ ……②

(iii) グラフが下に凸より，$y$ 軸との交点の $y$ 座標 $f(0)$ が正

$f(0)=-m+3>0$ より

$m<3$ ……③

①，②，③を同時に満たす $m$ の値の範囲は

$\boldsymbol{m<-1}$

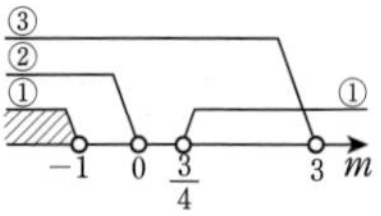


**215** $f(x)=x^2-mx+m+3$ とおき，変形すると $f(x)=\left(x-\frac{m}{2}\right)^2-\frac{1}{4}m^2+m+3$

2次方程式 $f(x)=0$ が異なる2つの負の実数解をもつのは，2次関数 $y=f(x)$ のグラフが $x$ 軸の負の部分と異なる2点で交わるとき，すなわち次の(i)，(ii)，(iii)が同時に成り立つときである。

(i) グラフが $x$ 軸と異なる 2 点で交わる

2 次方程式 $x^2-mx+m+3=0$ の判別式を $D$ とすると

$D=(-m)^2-4\times1\times(m+3)$

$\quad=m^2-4m-12$

$D>0$ であればよいから　$m^2-4m-12>0$

よって $(m+2)(m-6)>0$ より

$m<-2,\ 6<m$ ……①

(ii) グラフの軸が $x<0$ の部分にある

軸は $x=\dfrac{m}{2}$ であることより

$$\frac{m}{2}<0$$

よって　$m<0$ ……②

(iii) グラフが下に凸より，$y$ 軸との交点の $y$ 座標 $f(0)$ が正

$f(0)=m+3>0$ より

$m>-3$ ……③

①，②，③を同時に満たす $m$ の値の範囲は

**$-3<m<-2$**

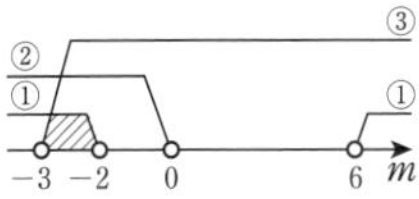


**216** (1) $y=|x+1|$ において

(i) $x+1\geqq0$ すなわち $x\geqq-1$ のとき

$y=x+1$

(ii) $x+1<0$ すなわち $x<-1$ のとき

$y=-(x+1)=-x-1$

よって，$y=|x+1|$ のグラフは下の図のようになる。

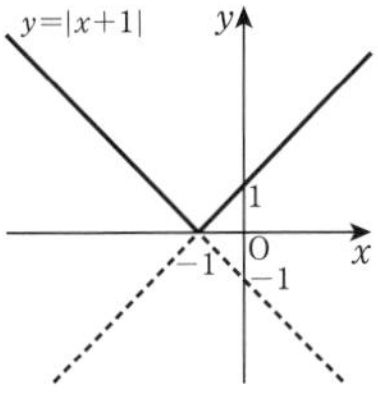


(2) $y=|-2x+4|$ において

(i) $-2x+4\geqq0$ すなわち $x\leqq2$ のとき

$y=-2x+4$

(ii) $-2x+4<0$ すなわち $x>2$ のとき

$y=-(-2x+4)=2x-4$

よって，$y=|-2x+4|$ のグラフは次の図のようになる。

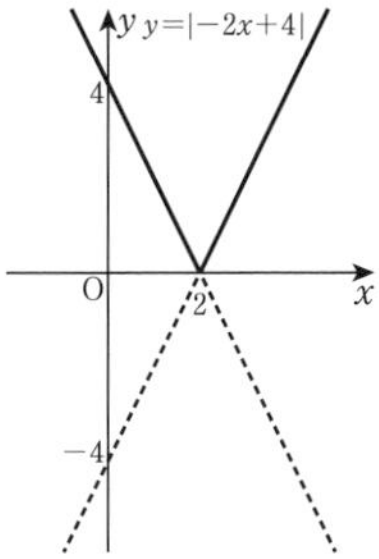


**217** (1) $y=|x^2-x|$ において

(i) $x^2-x\geqq0$ を解くと　$x\leqq0,\ 1\leqq x$

このとき

$$y=x^2-x=\left(x-\frac{1}{2}\right)^2-\frac{1}{4}$$

(ii) $x^2-x<0$ を解くと　$x(x-1)<0$ より

$0<x<1$

このとき

$y=-(x^2-x)=-x^2+x$

$$=-\left(x-\frac{1}{2}\right)^2+\frac{1}{4}$$

よって，$y=|x^2-x|$ のグラフは下の図のようになる。

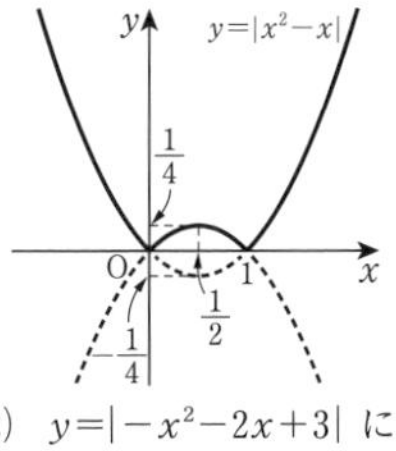


(2) $y=|-x^2-2x+3|$ において

(i) $-x^2-2x+3\geqq0$ を解くと $-3\leqq x\leqq1$

このとき

$y=-x^2-2x+3=-(x+1)^2+4$

(ii) $-x^2-2x+3<0$ を解くと

$(x+3)(x-1)>0$ より　$x<-3,\ 1<x$

このとき

$y=-(-x^2-2x+3)=x^2+2x-3$

$\quad=(x+1)^2-4$

よって，$y=|-x^2-2x-3|$ のグラフは右の図のようになる。

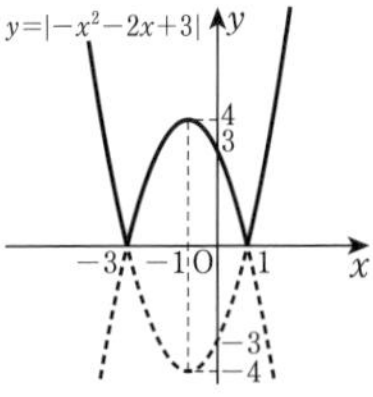

**218** (1) $\sin A=\frac{8}{10}=\mathbf{\frac{4}{5}}$,

$\cos A=\frac{6}{10}=\mathbf{\frac{3}{5}}$,

$\tan A=\frac{8}{6}=\mathbf{\frac{4}{3}}$

(2) $\sin A=\mathbf{\frac{3}{\sqrt{10}}}$,

$\cos A=\mathbf{\frac{1}{\sqrt{10}}}$,

$\tan A=\frac{3}{1}=\mathbf{3}$

(3) $\sin A=\mathbf{\frac{\sqrt{5}}{3}}$,

$\cos A=\mathbf{\frac{2}{3}}$,

$\tan A=\mathbf{\frac{\sqrt{5}}{2}}$

**219** (1) 三平方の定理より　$3^2+1^2=AB^2$

ゆえに　$AB^2=10$

ここで，$AB>0$ であるから　$AB=\sqrt{10}$

よって　$\sin A=\mathbf{\frac{1}{\sqrt{10}}}$，$\cos A=\mathbf{\frac{3}{\sqrt{10}}}$,

$\tan A=\mathbf{\frac{1}{3}}$

(2) 三平方の定理より　$AC^2+4^2=(2\sqrt{5})^2$

ゆえに　$AC^2=20-16=4$

ここで，$AC>0$ であるから　$AC=2$

よって　$\sin A=\frac{4}{2\sqrt{5}}=\mathbf{\frac{2}{\sqrt{5}}}$,

$\cos A=\frac{2}{2\sqrt{5}}=\mathbf{\frac{1}{\sqrt{5}}}$,

$\tan A=\frac{4}{2}=\mathbf{2}$

(3) 三平方の定理より　$5^2+BC^2=6^2$

ゆえに　$BC^2=6^2-5^2=11$

ここで，$BC>0$ であるから　$BC=\sqrt{11}$

よって　$\sin A=\mathbf{\frac{\sqrt{11}}{6}}$，$\cos A=\mathbf{\frac{5}{6}}$,

$\tan A=\mathbf{\frac{\sqrt{11}}{5}}$

**220** (1) $\sin 39^\circ=\mathbf{0.6293}$

(2) $\cos 26^\circ=\mathbf{0.8988}$

(3) $\tan 70^\circ=\mathbf{2.7475}$

**221** (1) $\sin A=\frac{3}{4}=0.75$

よって，三角比の表より$A$の値を求めると

$A\fallingdotseq\mathbf{49^\circ}$ ← $\sin 48^\circ=0.7431$，$\sin 49^\circ=0.7547$

(2) $\cos A=\frac{4}{5}=0.8$

よって，三角比の表より$A$の値を求めると

$A\fallingdotseq\mathbf{37^\circ}$ ← $\cos 36^\circ=0.8090$，$\cos 37^\circ=0.7986$

(3) $\tan A=2$

よって，三角比の表より$A$の値を求めると

$A\fallingdotseq\mathbf{63^\circ}$ ← $\tan 63^\circ=1.9626$，$\tan 64^\circ=2.0503$

**222** (1) $x=4\cos 30^\circ=4\times\frac{\sqrt{3}}{2}=\mathbf{2\sqrt{3}}$

$y=4\sin 30^\circ=4\times\frac{1}{2}=\mathbf{2}$

(2) $3=x\cos 45^\circ$ より

$3=x\times\frac{1}{\sqrt{2}}$

よって　$x=\mathbf{3\sqrt{2}}$

$y=3\tan 45^\circ$ より

$y=3\times1=\mathbf{3}$

(3) $2=x\cos 60^\circ$ より

$2=x\times\frac{1}{2}$

よって　$x=\mathbf{4}$

$y=2\tan 60^\circ=2\times\sqrt{3}=\mathbf{2\sqrt{3}}$

**辺の長さの比を用いた別解**

(1) $4:x=2:\sqrt{3}$ より

$2x=4\sqrt{3}$

$x=\mathbf{2\sqrt{3}}$

$4:y=2:1$ より

$2y=4$

$y=\mathbf{2}$

(2) $x:3=\sqrt{2}:1$ より　$x=\mathbf{3\sqrt{2}}$

$3:y=1:1$ より　$y=\mathbf{3}$

(3) $x:2=2:1$ より　$x=\mathbf{4}$

$2:y=1:\sqrt{3}$ より　$y=\mathbf{2\sqrt{3}}$

**223** $BC=AB\sin 29^\circ$ ← $4000\times0.4848=1939.2$ $\fallingdotseq1939$

$AC=AB\cos 29^\circ$ ← $4000\times0.8746=3498.4$ $\fallingdotseq3498$

よって，標高差は **1939 m**，水平距離は **3498 m**

**224** $BC = AC\tan 25^\circ$
$= 20 \times 0.4663$
$= 9.326$

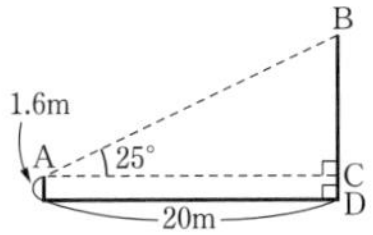


よって
$BD = BC + CD$
$= 9.326 + 1.6 = 10.926$
$\fallingdotseq 10.9$
したがって，鉄塔の高さは　**10.9 m**

**225** (1) $\sin A = \dfrac{2}{5} = 0.4$
よって，三角比の表より$A$の値を求めると
$A \fallingdotseq$ **24°** ← $\sin 23^\circ = 0.3907$，$\sin 24^\circ = 0.4067$

(2) $\cos A = \dfrac{6}{7} \fallingdotseq 0.8571$
よって，三角比の表より$A$の値を求めると
$A \fallingdotseq$ **31°** ← $\cos 31^\circ = 0.8572$，$\cos 32^\circ = 0.8480$

**226** $\sin\angle BAC = \dfrac{0.5}{2} = 0.25$
ここで，$\sin 14^\circ = 0.2419$，$\sin 15^\circ = 0.2588$
であるから，0.25 に最も近くなる $\angle BAC$ の値を求めると
$\angle BAC \fallingdotseq$ **14°**

**227** $BC = x$ (m) とすると，
直角三角形 BCD において
$\dfrac{BC}{CD} = \tan 60^\circ$ より　$CD = BC \div \tan 60^\circ$
$= \dfrac{1}{\sqrt{3}}x$
であるから　$AC = 100 + \dfrac{1}{\sqrt{3}}x$
直角三角形 ABC において，$BC = AC\tan 30^\circ$ より
$x = \left(100 + \dfrac{1}{\sqrt{3}}x\right) \times \dfrac{1}{\sqrt{3}}$
ゆえに
$3x = 100\sqrt{3} + x$
よって　$x =$ **$50\sqrt{3}$ (m)**

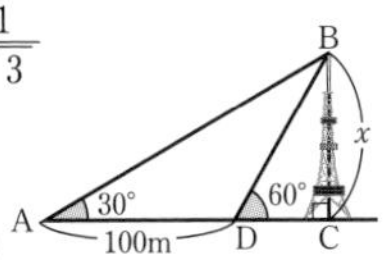

**228** 下の図の直角三角形 BFG において，
$BG = x$ (m) とおくと　$FG = BG = x$
であるから　$EG = 10 + x$
直角三角形 BEG において，
$EG = \sqrt{3}BG$ であるから
$10 + x = \sqrt{3}x$

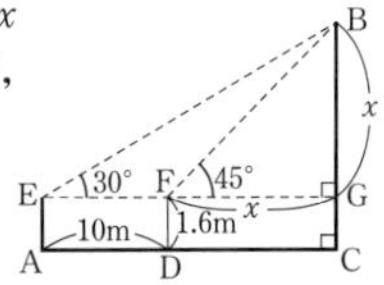


より　$(\sqrt{3} - 1)x = 10$
これを解くと
$x = \dfrac{10}{\sqrt{3} - 1} = \dfrac{10(\sqrt{3} + 1)}{(\sqrt{3} - 1)(\sqrt{3} + 1)} = \dfrac{10(\sqrt{3} + 1)}{2}$
$= 5(\sqrt{3} + 1) = 5 \times 2.732 = 13.66$
ゆえに，$BC = BG + GC$ より
$BC = 13.66 + 1.6 = 15.26 \fallingdotseq 15.3$
よって，木の高さ BC は　**15.3 m**

**229** 直角三角形 BCD において，$\angle B = 60^\circ$ であるから
$BD = 3$，$CD = 3\sqrt{3}$
$AD = 8 - BD$
$= 8 - 3 = 5$

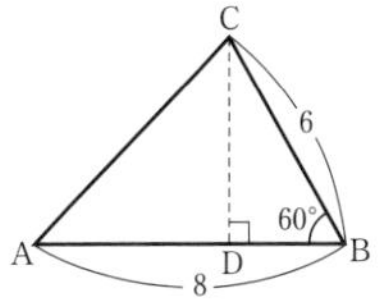


よって　$\tan A = \dfrac{3\sqrt{3}}{5}$
$\sqrt{3} = 1.732$ であるから
$\tan A = \dfrac{3 \times 1.732}{5} = 1.0392$
ここで，$\tan 46^\circ = 1.0355$，$\tan 47^\circ = 1.0724$ であるから，1.0392 に最も近くなる$A$の値を求めると
$A \fallingdotseq$ **46°**

**230** (1) $AB = x$ とおくと，
$\triangle ABC \backsim \triangle BCD$ より
$\dfrac{CD}{BC} = \dfrac{BC}{AB}$
また，$BC = BD = AD$ より
$\dfrac{AC - AD}{BC} = \dfrac{BC}{AB}$
すなわち　$\dfrac{x - 2}{2} = \dfrac{2}{x}$
より　$x^2 - 2x - 4 = 0$
$x > 0$ であるから
$x =$ **$1 + \sqrt{5}$**

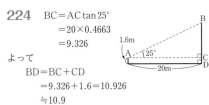

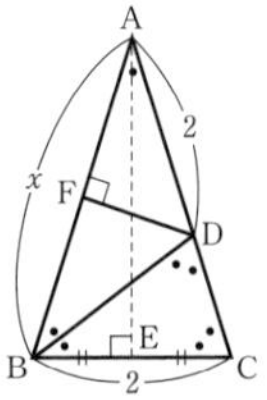


(2) Aから対辺 BC に垂線 AE を引くと
$\sin 18^\circ = \dfrac{BE}{AB} = \dfrac{1}{1 + \sqrt{5}}$
$= \dfrac{\sqrt{5} - 1}{(\sqrt{5} + 1)(\sqrt{5} - 1)}$
$=$ **$\dfrac{\sqrt{5} - 1}{4}$**

(3) Dから対辺 AB に垂線 DF を引くと
$\cos 36^\circ = \dfrac{AF}{AD} = \dfrac{\frac{1}{2}x}{2} = \dfrac{x}{4} =$ **$\dfrac{\sqrt{5} + 1}{4}$**

**231** (1) $\sin A=\frac{12}{13}$ のとき，

$\sin^2 A+\cos^2 A=1$ より

$$\cos^2 A=1-\sin^2 A=1-\left(\frac{12}{13}\right)^2=\frac{25}{169}$$

ここで，$0°<A<90°$ のとき，$\cos A>0$ であるから

$$\cos A=\sqrt{\frac{25}{169}}=\boldsymbol{\frac{5}{13}}$$

また，$\tan A=\frac{\sin A}{\cos A}$ より

$$\tan A=\frac{12}{13}\div\frac{5}{13}=\frac{12}{13}\times\frac{13}{5}=\boldsymbol{\frac{12}{5}}$$

(2) $\sin A=\frac{\sqrt{3}}{3}$ のとき，

$\sin^2 A+\cos^2 A=1$ より

$$\cos^2 A=1-\sin^2 A=1-\left(\frac{\sqrt{3}}{3}\right)^2=\frac{6}{9}$$

ここで，$0°<A<90°$ のとき，$\cos A>0$ であるから

$$\cos A=\sqrt{\frac{6}{9}}=\boldsymbol{\frac{\sqrt{6}}{3}}$$

また，$\tan A=\frac{\sin A}{\cos A}$ より

$$\tan A=\frac{\sqrt{3}}{3}\div\frac{\sqrt{6}}{3}=\frac{\sqrt{3}}{3}\times\frac{3}{\sqrt{6}}=\boldsymbol{\frac{1}{\sqrt{2}}}$$

(3) $\sin A=\frac{2}{\sqrt{5}}$ のとき，

$\sin^2 A+\cos^2 A=1$ より

$$\cos^2 A=1-\sin^2 A=1-\left(\frac{2}{\sqrt{5}}\right)^2=\frac{1}{5}$$

ここで，$0°<A<90°$ のとき，$\cos A>0$ であるから

$$\cos A=\sqrt{\frac{1}{5}}=\boldsymbol{\frac{1}{\sqrt{5}}}$$

また，$\tan A=\frac{\sin A}{\cos A}$ より

$$\tan A=\frac{2}{\sqrt{5}}\div\frac{1}{\sqrt{5}}=\frac{2}{\sqrt{5}}\times\frac{\sqrt{5}}{1}=\boldsymbol{2}$$

**232** (1) $\cos A=\frac{3}{4}$ のとき，

$\sin^2 A+\cos^2 A=1$ より

$$\sin^2 A=1-\cos^2 A=1-\left(\frac{3}{4}\right)^2=\frac{7}{16}$$

$0°<A<90°$ のとき，$\sin A>0$ であるから

$$\sin A=\sqrt{\frac{7}{16}}=\boldsymbol{\frac{\sqrt{7}}{4}}$$

また，$\tan A=\frac{\sin A}{\cos A}$ より

$$\tan A=\frac{\sqrt{7}}{4}\div\frac{3}{4}=\frac{\sqrt{7}}{4}\times\frac{4}{3}=\boldsymbol{\frac{\sqrt{7}}{3}}$$

(2) $\cos A=\frac{5}{7}$ のとき，

$\sin^2 A+\cos^2 A=1$ より

$$\sin^2 A=1-\cos^2 A=1-\left(\frac{5}{7}\right)^2=\frac{24}{49}$$

$0°<A<90°$ のとき，$\sin A>0$ であるから

$$\sin A=\sqrt{\frac{24}{49}}=\boldsymbol{\frac{2\sqrt{6}}{7}}$$

また，$\tan A=\frac{\sin A}{\cos A}$ より

$$\tan A=\frac{2\sqrt{6}}{7}\div\frac{5}{7}=\frac{2\sqrt{6}}{7}\times\frac{7}{5}=\boldsymbol{\frac{2\sqrt{6}}{5}}$$

(3) $\cos A=\frac{1}{\sqrt{3}}$ のとき，

$\sin^2 A+\cos^2 A=1$ より

$$\sin^2 A=1-\cos^2 A=1-\left(\frac{1}{\sqrt{3}}\right)^2=\frac{2}{3}$$

$0°<A<90°$ のとき，$\sin A>0$ であるから

$$\sin A=\sqrt{\frac{2}{3}}=\boldsymbol{\frac{\sqrt{6}}{3}}$$

また，$\tan A=\frac{\sin A}{\cos A}$ より

$$\tan A=\frac{\sqrt{6}}{3}\div\frac{1}{\sqrt{3}}=\frac{\sqrt{6}}{3}\times\frac{\sqrt{3}}{1}=\boldsymbol{\sqrt{2}}$$

**233** (1) $\sin 87°=\sin(90°-3°)=\boldsymbol{\cos 3°}$

(2) $\cos 74°=\cos(90°-16°)=\boldsymbol{\sin 16°}$

(3) $\tan 65°=\tan(90°-25°)=\boldsymbol{\frac{1}{\tan 25°}}$

(4) $\frac{1}{\tan 85°}=\frac{1}{\tan(90°-5°)}=\boldsymbol{\tan 5°}$

**234** (1) $\tan A=\sqrt{5}$ のとき，

$1+\tan^2 A=\frac{1}{\cos^2 A}$ より

$$\frac{1}{\cos^2 A}=1+\tan^2 A=1+(\sqrt{5})^2=6$$

よって　$\cos^2 A=\frac{1}{6}$

ここで，$\cos A>0$ であるから

$$\cos A=\sqrt{\frac{1}{6}}=\boldsymbol{\frac{1}{\sqrt{6}}}$$

また，$\tan A=\frac{\sin A}{\cos A}$ より

$$\sin A=\tan A\times\cos A=\sqrt{5}\times\frac{1}{\sqrt{6}}=\boldsymbol{\frac{\sqrt{30}}{6}}$$

(2) $\tan A=\dfrac{1}{2}$ のとき，$1+\tan^2 A=\dfrac{1}{\cos^2 A}$

より

$$\frac{1}{\cos^2 A}=1+\tan^2 A=1+\left(\frac{1}{2}\right)^2=\frac{5}{4}$$

よって　　$\cos^2 A=\dfrac{4}{5}$

ここで，$0°<A<90°$ のとき，$\cos A>0$ であるから

$$\cos A=\sqrt{\frac{4}{5}}=\boldsymbol{\frac{2}{\sqrt{5}}}$$

また，$\tan A=\dfrac{\sin A}{\cos A}$ より

$$\sin A=\tan A\times\cos A$$
$$=\frac{1}{2}\times\frac{2}{\sqrt{5}}=\boldsymbol{\frac{1}{\sqrt{5}}}$$

**235** (1) $\sin 55°=\sin(90°-35°)=\cos 35°$

であるから

$$\sin^2 35°+\sin^2 55°=\sin^2 35°+\cos^2 35°$$
$$=\boldsymbol{1}$$

(2) $\cos 40°=\cos(90°-50°)=\sin 50°$

であるから

$$\cos^2 40°+\cos^2 50°=\sin^2 50°+\cos^2 50°=\boldsymbol{1}$$

(3) $\tan 70°=\tan(90°-20°)=\dfrac{1}{\tan 20°}$

であるから

$$\tan 20°\times\tan 70°=\tan 20°\times\frac{1}{\tan 20°}=\boldsymbol{1}$$

(4) $\tan 40°=\tan(90°-50°)=\dfrac{1}{\tan 50°}$

$$\frac{1}{\cos^2 50°}=1+\tan^2 50°$$

であるから

$$\frac{1}{\tan^2 40°}-\frac{1}{\cos^2 50°}=\tan^2 50°-(1+\tan^2 50°)$$
$$=\boldsymbol{-1}$$

**236** (1) 右の図の半径 2 の半円において，

$\angle AOP=120°$

となる点Pの座標は

$(-1,\ \sqrt{3})$

であるから

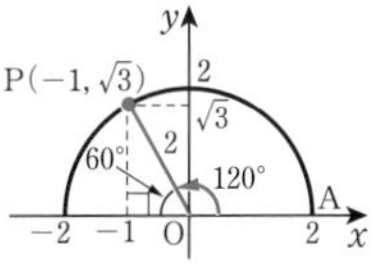


$$\sin 120°=\boldsymbol{\frac{\sqrt{3}}{2}}$$

$$\cos 120°=\frac{-1}{2}=\boldsymbol{-\frac{1}{2}}$$

$$\tan 120°=\frac{\sqrt{3}}{-1}=\boldsymbol{-\sqrt{3}}$$

(2) 右の図の半径 $\sqrt{2}$ の半円において，

$\angle AOP=135°$

となる点Pの座標は

$(-1,\ 1)$

であるから

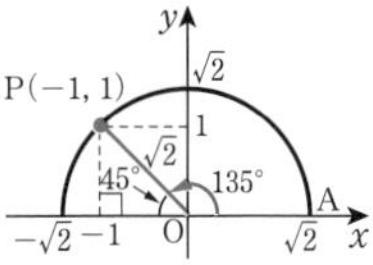


$$\sin 135°=\boldsymbol{\frac{1}{\sqrt{2}}}$$

$$\cos 135°=\frac{-1}{\sqrt{2}}=\boldsymbol{-\frac{1}{\sqrt{2}}}$$

$$\tan 135°=\frac{1}{-1}=\boldsymbol{-1}$$

(3) 右の図の半径 2 の半円において，

$\angle AOP=150°$

となる点Pの座標は

$(-\sqrt{3},\ 1)$

であるから

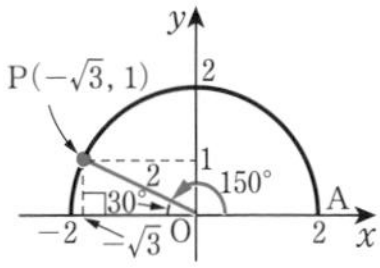


$$\sin 150°=\boldsymbol{\frac{1}{2}}$$

$$\cos 150°=\frac{-\sqrt{3}}{2}=\boldsymbol{-\frac{\sqrt{3}}{2}}$$

$$\tan 150°=\frac{1}{-\sqrt{3}}=\boldsymbol{-\frac{1}{\sqrt{3}}}$$

(4) 右の図の半径 1 の半円において，

$\angle AOP=180°$

となる点Pの座標は

$(-1,\ 0)$

であるから

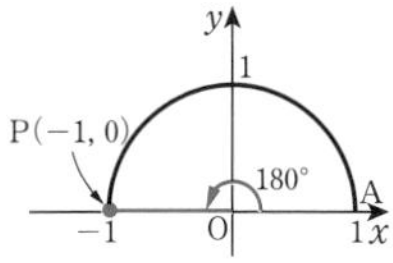


$$\sin 180°=\frac{0}{1}=\boldsymbol{0}$$

$$\cos 180°=\frac{-1}{1}=\boldsymbol{-1}$$

$$\tan 180°=\frac{0}{-1}=\boldsymbol{0}$$

**237** (1) $\sin 130°=\sin(180°-50°)$

$$=\boldsymbol{\sin 50°=0.7660}$$

(2) $\cos 105°=\cos(180°-75°)$

$$=\boldsymbol{-\cos 75°=-0.2588}$$

(3) $\tan 168°=\tan(180°-12°)$

$$=\boldsymbol{-\tan 12°=-0.2126}$$

**238** (1) 単位円の $x$ 軸より上側の周上の点で，$y$ 座標が $\dfrac{1}{\sqrt{2}}$ となるのは，右の図の 2 点P，P′ である。

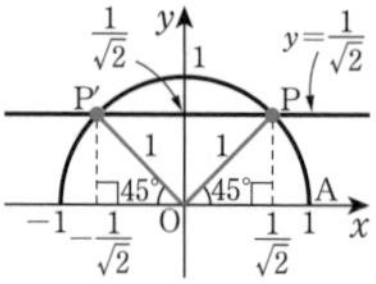


$\angle AOP=45°$

$\angle AOP'=180°-45°=135°$

であるから，求める $\theta$ は

$\boldsymbol{\theta=45°,\ 135°}$

(2) 単位円の $x$ 軸より上側の周上の点で，$x$ 座標が $\dfrac{\sqrt{3}}{2}$ となるのは，右の図の 1 点Pである。

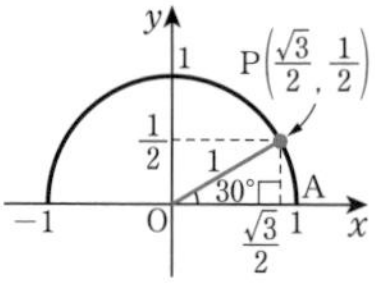


$\angle AOP=30°$

であるから，求める $\theta$ は

$\boldsymbol{\theta=30°}$

(3) 単位円において，$y$ 座標が 0 となるのは，右の図の 2 点A，P である。

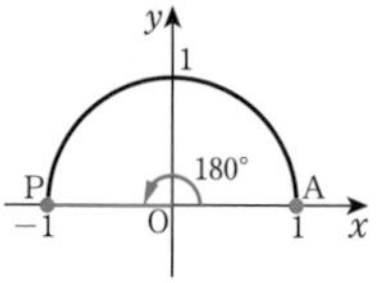


求める $\theta$ は

$\boldsymbol{\theta=0°,\ 180°}$

(4) 単位円において，$x$ 座標が $-1$ となるのは，右の図の 1 点Pである。求める $\theta$ は

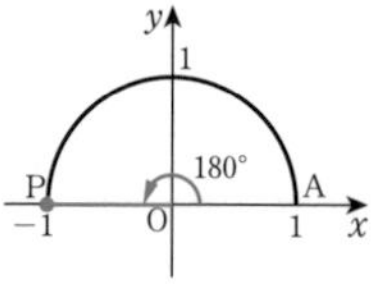


$\boldsymbol{\theta=180°}$

**239** (1) $\sin\theta=\dfrac{1}{4}$ のとき，

$\sin^2\theta+\cos^2\theta=1$ より

$$\cos^2\theta=1-\sin^2\theta=1-\left(\frac{1}{4}\right)^2=\frac{15}{16}$$

$90°<\theta<180°$ のとき，$\cos\theta<0$ であるから

$$\cos\theta=-\sqrt{\frac{15}{16}}=\boldsymbol{-\frac{\sqrt{15}}{4}}$$

また，$\tan\theta=\dfrac{\sin\theta}{\cos\theta}$ より

$$\tan\theta=\frac{1}{4}\div\left(-\frac{\sqrt{15}}{4}\right)=\frac{1}{4}\times\left(-\frac{4}{\sqrt{15}}\right)$$

$$=\boldsymbol{-\frac{1}{\sqrt{15}}}$$

(2) $\cos\theta=-\dfrac{12}{13}$ のとき，

$\sin^2\theta+\cos^2\theta=1$ より

$$\sin^2\theta=1-\cos^2\theta=1-\left(-\frac{12}{13}\right)^2=\frac{25}{169}$$

$90°<\theta<180°$ のとき，$\sin\theta>0$ であるから

$$\sin\theta=\sqrt{\frac{25}{169}}=\boldsymbol{\frac{5}{13}}$$

また，$\tan\theta=\dfrac{\sin\theta}{\cos\theta}$ より

$$\tan\theta=\frac{5}{13}\div\left(-\frac{12}{13}\right)=\frac{5}{13}\times\left(-\frac{13}{12}\right)$$

$$=\boldsymbol{-\frac{5}{12}}$$

**240** (1) 右の図のように，直線 $x=1$ 上に点 $Q\left(1,\ \dfrac{1}{\sqrt{3}}\right)$ をとり，直線OQと単位円との交点Pを右の図のように定める。このとき，

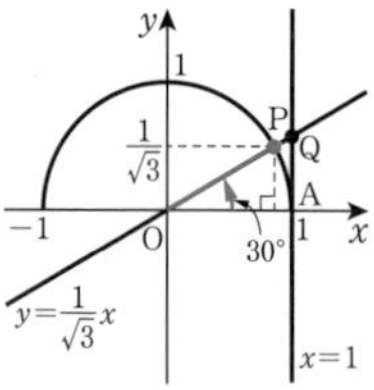


$\angle AOP$ の大きさが求める $\theta$ であるから

$\boldsymbol{\theta=30°}$

(2) 右の図のように，直線 $x=1$ 上に点A(1，0) をとり，直線OAと単位円との交点のうち，A でない点をPとする。このとき，$\angle AOA$ と $\angle AOP$ の大きさが求める $\theta$ であるから

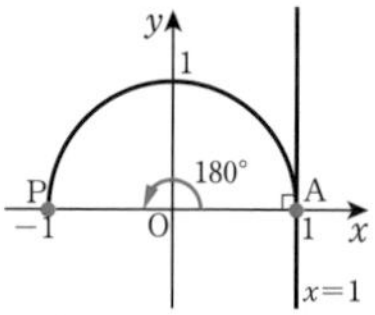


$\boldsymbol{\theta=0°,\ 180°}$

(3) $\sqrt{3}\tan\theta+1=0$ より $\tan\theta=-\dfrac{1}{\sqrt{3}}$

右の図のように，直線 $x=1$ 上に点 $Q\left(1,\ -\dfrac{1}{\sqrt{3}}\right)$ をとり，直線OQと単位円との交点Pを右の図のように定める。このとき，$\angle AOP$ の大きさが求める $\theta$ であるから

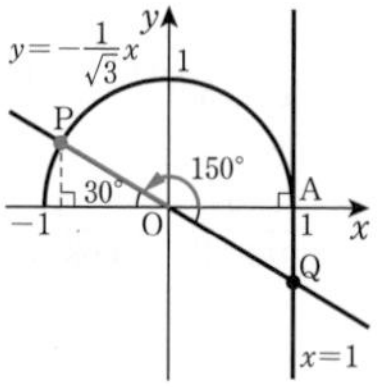


$\theta=180°-30°=\boldsymbol{150°}$

**241** (1) $2\sin\theta-\sqrt{3}=0$ より $\sin\theta=\dfrac{\sqrt{3}}{2}$

単位円の $x$ 軸より上側の周上の点で，$y$ 座標が $\dfrac{\sqrt{3}}{2}$ となるのは，

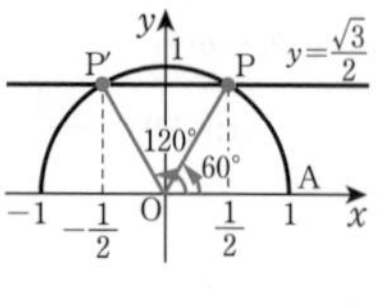

右の図の 2 点P，P′
である。

$\angle AOP=60^\circ$

$\angle AOP'=180^\circ-60^\circ=120^\circ$

であるから，求める $\theta$ は

$\boldsymbol{\theta=60^\circ,\ 120^\circ}$

(2) $2\cos\theta-\sqrt{2}=0$ より $\cos\theta=\dfrac{\sqrt{2}}{2}=\dfrac{1}{\sqrt{2}}$

単位円の $x$ 軸より上側の周上の点で，$x$ 座標が $\dfrac{1}{\sqrt{2}}$ となるのは，右の図の 1 点Pである。

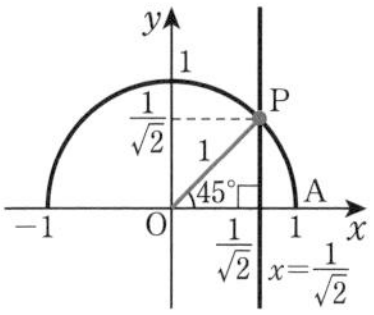


$\angle AOP=45^\circ$

であるから，求める $\theta$ は

$\boldsymbol{\theta=45^\circ}$

**242** $\tan\theta=-\dfrac{1}{2}$ のとき，$1+\tan^2\theta=\dfrac{1}{\cos^2\theta}$

より $\dfrac{1}{\cos^2\theta}=1+\tan^2\theta=1+\left(-\dfrac{1}{2}\right)^2=\dfrac{5}{4}$

よって $\cos^2\theta=\dfrac{4}{5}$

$90^\circ<\theta<180^\circ$ のとき，$\cos\theta<0$ であるから

$\cos\theta=-\sqrt{\dfrac{4}{5}}=\boldsymbol{-\dfrac{2\sqrt{5}}{5}}$

また，$\tan\theta=\dfrac{\sin\theta}{\cos\theta}$ より

$\sin\theta=\tan\theta\times\cos\theta=-\dfrac{1}{2}\times\left(-\dfrac{2\sqrt{5}}{5}\right)$

$=\boldsymbol{\dfrac{\sqrt{5}}{5}}$

**243** (1) $\sin 115^\circ=\sin(180^\circ-65^\circ)=\sin 65^\circ$

$=\sin(90^\circ-25^\circ)=\cos 25^\circ$

$\cos 155^\circ=\cos(180^\circ-25^\circ)=-\cos 25^\circ$

$\tan 145^\circ=\tan(180^\circ-35^\circ)=-\tan 35^\circ$

したがって

$\sin 115^\circ+\cos 155^\circ+\tan 35^\circ+\tan 145^\circ$

$=\cos 25^\circ+(-\cos 25^\circ)+\tan 35^\circ+(-\tan 35^\circ)$

$=\boldsymbol{0}$

(2) $\cos 70^\circ=\cos(90^\circ-20^\circ)=\sin 20^\circ$

$\sin 110^\circ=\sin(180^\circ-70^\circ)=\sin 70^\circ$

$=\sin(90^\circ-20^\circ)=\cos 20^\circ$

$\sin 160^\circ=\sin(180^\circ-20^\circ)=\sin 20^\circ$

したがって

$(\cos 20^\circ-\cos 70^\circ)^2+(\sin 110^\circ+\sin 160^\circ)^2$

$=(\cos 20^\circ-\sin 20^\circ)^2+(\cos 20^\circ+\sin 20^\circ)^2$

$=\cos^2 20^\circ-2\cos 20^\circ\sin 20^\circ+\sin^2 20^\circ$

$\quad+\cos^2 20^\circ+2\cos 20^\circ\sin 20^\circ+\sin^2 20^\circ$

$=2(\sin^2 20^\circ+\cos^2 20^\circ)$

$=2\times 1=\boldsymbol{2}$

(3) $\sin 80^\circ=\sin(90^\circ-10^\circ)=\cos 10^\circ$

$\cos 80^\circ=\cos(90^\circ-10^\circ)=\sin 10^\circ$

$\sin 170^\circ=\sin(180^\circ-10^\circ)=\sin 10^\circ$

$\cos 170^\circ=\cos(180^\circ-10^\circ)=-\cos 10^\circ$

したがって

$\sin 80^\circ\cos 170^\circ-\cos 80^\circ\sin 170^\circ$

$=\cos 10^\circ\times(-\cos 10^\circ)-\sin 10^\circ\sin 10^\circ$

$=-(\cos^2 10^\circ+\sin^2 10^\circ)=\boldsymbol{-1}$

(4) $\tan 70^\circ=\tan(90^\circ-20^\circ)=\dfrac{1}{\tan 20^\circ}$

$\tan 160^\circ=\tan(180^\circ-20^\circ)=-\tan 20^\circ$

$\tan 50^\circ=\tan(90^\circ-40^\circ)=\dfrac{1}{\tan 40^\circ}$

$\tan 140^\circ=\tan(180^\circ-40^\circ)=-\tan 40^\circ$

したがって

$\tan 70^\circ\tan 160^\circ-2\tan 50^\circ\tan 140^\circ$

$=\dfrac{1}{\tan 20^\circ}\times(-\tan 20^\circ)-2\times\dfrac{1}{\tan 40^\circ}\times(-\tan 40^\circ)$

$=-1-2\times(-1)=\boldsymbol{1}$

**244** 考え方 (1) $0^\circ\leqq\theta\leqq 180^\circ$ の範囲では，$\cos^2\theta=$(定数) を満たす $\cos\theta$ の値は 2 つあることに注意する。

(1) $\sin\theta=\dfrac{1}{5}$ のとき，

$\sin^2\theta+\cos^2\theta=1$ より

$\cos^2\theta=1-\sin^2\theta=1-\left(\dfrac{1}{5}\right)^2=\dfrac{24}{25}$

ここで，$0^\circ\leqq\theta\leqq 180^\circ$ より

$\cos\theta=\pm\sqrt{\dfrac{24}{25}}=\pm\dfrac{2\sqrt{6}}{5}$

$\tan\theta=\dfrac{\sin\theta}{\cos\theta}$ より

$\cos\theta=\dfrac{2\sqrt{6}}{5}$ のとき

$\tan\theta=\sin\theta\div\cos\theta=\dfrac{1}{5}\div\dfrac{2\sqrt{6}}{5}$

$=\dfrac{1}{5}\times\dfrac{5}{2\sqrt{6}}=\dfrac{\sqrt{6}}{12}$

$\cos\theta=-\dfrac{2\sqrt{6}}{5}$ のとき

$\tan\theta=\sin\theta\div\cos\theta=\dfrac{1}{5}\div\left(-\dfrac{2\sqrt{6}}{5}\right)$

$=\dfrac{1}{5}\times\left(-\dfrac{5}{2\sqrt{6}}\right)=-\dfrac{\sqrt{6}}{12}$

したがって

$\begin{cases}\cos\theta=\boldsymbol{\dfrac{2\sqrt{6}}{5}}\\ \tan\theta=\boldsymbol{\dfrac{\sqrt{6}}{12}}\end{cases}\quad\begin{cases}\cos\theta=\boldsymbol{-\dfrac{2\sqrt{6}}{5}}\\ \tan\theta=\boldsymbol{-\dfrac{\sqrt{6}}{12}}\end{cases}$

(2)　$\cos\theta=\dfrac{1}{\sqrt{5}}$ のとき，

$\sin^2\theta+\cos^2\theta=1$ より

$\sin^2\theta=1-\cos^2\theta=1-\left(\dfrac{1}{\sqrt{5}}\right)^2=\dfrac{4}{5}$

ここで，$0°\leqq\theta\leqq180°$ のとき，$\sin\theta\geqq0$ であるから

$\sin\theta=\sqrt{\dfrac{4}{5}}=\boldsymbol{\dfrac{2\sqrt{5}}{5}}$

また，$\tan\theta=\dfrac{\sin\theta}{\cos\theta}$ より

$\tan\theta=\sin\theta\div\cos\theta=\dfrac{2\sqrt{5}}{5}\div\dfrac{1}{\sqrt{5}}$

$=\dfrac{2\sqrt{5}}{5}\times\sqrt{5}=\boldsymbol{2}$

**245**　(1)　$\sin\theta(\sqrt{2}\sin\theta-1)=0$ より

$\sin\theta=0$　または　$\sqrt{2}\sin\theta-1=0$

ここで，$0°\leqq\theta\leqq180°$ の範囲で

$\sin\theta=0$ を解くと

$\theta=0°,\ 180°$

$\sqrt{2}\sin\theta-1=0$ を解くと

$\sin\theta=\dfrac{1}{\sqrt{2}}$ より

$\theta=45°,\ 135°$

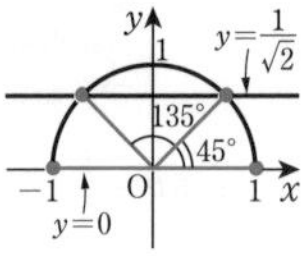


したがって，求める $\theta$ の値は

$\boldsymbol{\theta=0°,\ 45°,\ 135°,\ 180°}$

(2)　$(\cos\theta+1)(2\cos\theta+1)=0$ より

$\cos\theta+1=0$　または　$2\cos\theta+1=0$

ここで，$0°\leqq\theta\leqq180°$ の範囲で

$\cos\theta+1=0$ を解くと

$\cos\theta=-1$ より　$\theta=180°$

$2\cos\theta+1=0$ を解くと

$\cos\theta=-\dfrac{1}{2}$ より　$\theta=120°$

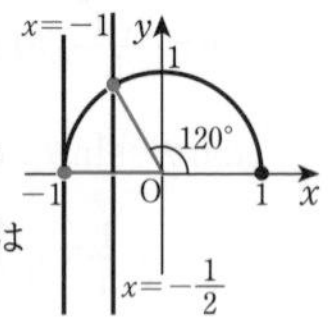


したがって，求める $\theta$ の値は

$\boldsymbol{\theta=120°,\ 180°}$

**246**　(1)　単位円の $x$ 軸より上側の周上の点で，$y$ 座標が $\dfrac{1}{2}$ となるのは，右の図の2点 P，P′ である。

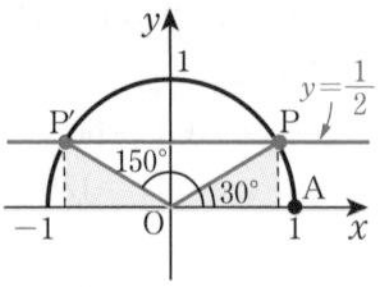


$\angle\mathrm{AOP}=30°$

$\angle\mathrm{AOP'}=150°$

であるから，不等式の解は

$\boldsymbol{0°\leqq\theta\leqq30°,\quad 150°\leqq\theta\leqq180°}$

(2)　単位円の $x$ 軸より上側の周上の点で，$x$ 座標が $\dfrac{1}{\sqrt{2}}$ となるのは，右の図の1点 P である。

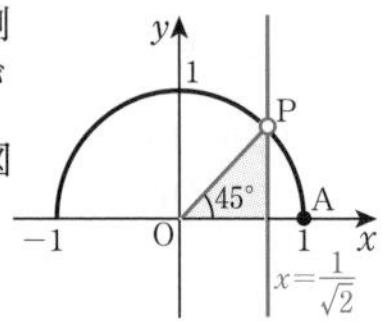


$\angle\mathrm{AOP}=45°$

であるから，不等式の解は

$\boldsymbol{0°\leqq\theta<45°}$

**247**　(1)　$(1-\sin\theta)(1+\sin\theta)-\dfrac{1}{1+\tan^2\theta}$

$=(1-\sin^2\theta)-\dfrac{1}{\dfrac{1}{\cos^2\theta}}$

$=\cos^2\theta-\cos^2\theta=\boldsymbol{0}$

(2)　$\tan^2\theta(1-\sin^2\theta)+\cos^2\theta$

$=\tan^2\theta\cos^2\theta+\cos^2\theta$

$=\dfrac{\sin^2\theta}{\cos^2\theta}\cdot\cos^2\theta+\cos^2\theta=\sin^2\theta+\cos^2\theta=\boldsymbol{1}$

(3)　$(2\sin\theta+\cos\theta)^2+(\sin\theta-2\cos\theta)^2$

$=4\sin^2\theta+4\sin\theta\cos\theta+\cos^2\theta$

$\quad+\sin^2\theta-4\sin\theta\cos\theta+4\cos^2\theta$

$=5\sin^2\theta+5\cos^2\theta=5(\sin^2\theta+\cos^2\theta)=\boldsymbol{5}$

(4)　$\dfrac{1}{1+\tan^2\theta}+\cos^2(90°-\theta)$

$=\dfrac{1}{\dfrac{1}{\cos^2\theta}}+\sin^2\theta=\cos^2\theta+\sin^2\theta=\boldsymbol{1}$

(5)　$\dfrac{(1+\tan\theta)^2}{1+\tan^2\theta}+(\sin\theta-\cos\theta)^2$

$=\dfrac{1+2\tan\theta+\tan^2\theta}{\dfrac{1}{\cos^2\theta}}$

$\quad+\sin^2\theta-2\sin\theta\cos\theta+\cos^2\theta$

$=\left(1+2\times\dfrac{\sin\theta}{\cos\theta}+\dfrac{\sin^2\theta}{\cos^2\theta}\right)\cos^2\theta$

$\quad+\sin^2\theta-2\sin\theta\cos\theta+\cos^2\theta$

$=\cos^2\theta+2\sin\theta\cos\theta+\sin^2\theta$

$+\sin^2\theta-2\sin\theta\cos\theta+\cos^2\theta$

$=2(\sin^2\theta+\cos^2\theta)=\mathbf{2}$

**248** (1) $(\sin\theta+\cos\theta)^2=\left(\dfrac{1}{2}\right)^2$ より

$$\sin^2\theta+2\sin\theta\cos\theta+\cos^2\theta=\frac{1}{4}$$

$\sin^2\theta+\cos^2\theta=1$ より　$1+2\sin\theta\cos\theta=\dfrac{1}{4}$

よって　　$\sin\theta\cos\theta=-\dfrac{\mathbf{3}}{\mathbf{8}}$

(2) $(\sin\theta-\cos\theta)^2=\sin^2\theta-2\sin\theta\cos\theta+\cos^2\theta$

$$=1-2\sin\theta\cos\theta$$

$$=1-2\times\left(-\frac{3}{8}\right)=\frac{7}{4}$$

ゆえに　$\sin\theta-\cos\theta=\pm\sqrt{\dfrac{7}{4}}=\pm\dfrac{\sqrt{7}}{2}$

$0^\circ\leqq\theta\leqq180^\circ$，$\sin\theta\cos\theta<0$ より

$\sin\theta>0$，$\cos\theta<0$

よって　　$\sin\theta-\cos\theta>0$

したがって　　$\sin\theta-\cos\theta=\dfrac{\sqrt{\mathbf{7}}}{\mathbf{2}}$

(3) $\tan\theta+\dfrac{1}{\tan\theta}=\dfrac{\sin\theta}{\cos\theta}+\dfrac{\cos\theta}{\sin\theta}$

$$=\frac{\sin^2\theta+\cos^2\theta}{\sin\theta\cos\theta}$$

$$=\frac{1}{\sin\theta\cos\theta}=-\frac{\mathbf{8}}{\mathbf{3}}$$

**249** (1) $m=\tan30^\circ=\dfrac{\mathbf{1}}{\sqrt{\mathbf{3}}}$

(2) $m=\tan45^\circ=\mathbf{1}$

(3) $m=\tan120^\circ=-\sqrt{\mathbf{3}}$

**250** (1) 正弦定理より

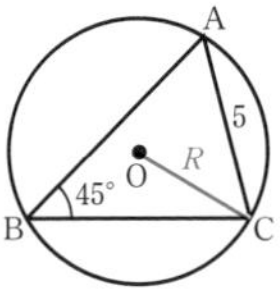


$$\frac{5}{\sin45^\circ}=2R$$

ゆえに　$2R=\dfrac{5}{\sin45^\circ}$

よって

$$R=\frac{5}{2\sin45^\circ}$$

$$=\frac{5}{2}\div\sin45^\circ=\frac{5}{2}\div\frac{1}{\sqrt{2}}$$

$$=\frac{5}{2}\times\sqrt{2}=\frac{\mathbf{5\sqrt{2}}}{\mathbf{2}}$$

(2) 正弦定理より

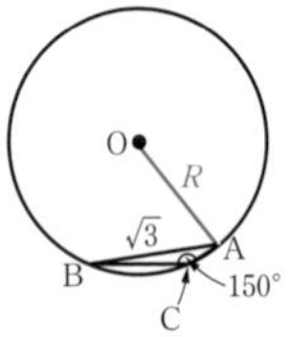


$$\frac{\sqrt{3}}{\sin150^\circ}=2R$$

ゆえに　$2R=\dfrac{\sqrt{3}}{\sin150^\circ}$

よって

$$R=\frac{\sqrt{3}}{2\sin150^\circ}$$

$$=\frac{\sqrt{3}}{2}\div\sin150^\circ$$

$$=\frac{\sqrt{3}}{2}\div\frac{1}{2}=\frac{\sqrt{3}}{2}\times2=\sqrt{\mathbf{3}}$$

**251** (1) 正弦定理より

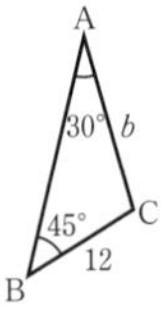


$$\frac{12}{\sin30^\circ}=\frac{b}{\sin45^\circ}$$

両辺に $\sin45^\circ$ を掛けて

$$\frac{12}{\sin30^\circ}\times\sin45^\circ=b$$

より

$$b=\frac{12}{\sin30^\circ}\times\sin45^\circ$$

$$=12\div\frac{1}{2}\times\frac{1}{\sqrt{2}}$$

$$=12\times2\times\frac{1}{\sqrt{2}}=\mathbf{12\sqrt{2}}$$

(2) $A=180^\circ-(75^\circ+45^\circ)=60^\circ$

正弦定理より

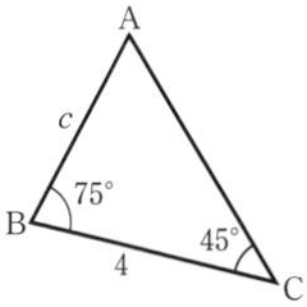


$$\frac{4}{\sin60^\circ}=\frac{c}{\sin45^\circ}$$

両辺に $\sin45^\circ$ を掛けて

$\dfrac{4}{\sin60^\circ}\times\sin45^\circ=c$ より

$$c=\frac{4}{\sin60^\circ}\times\sin45^\circ$$

$$=4\div\frac{\sqrt{3}}{2}\times\frac{1}{\sqrt{2}}$$

$$=4\times\frac{2}{\sqrt{3}}\times\frac{1}{\sqrt{2}}=\frac{\mathbf{4\sqrt{6}}}{\mathbf{3}}$$

**252** (1) 余弦定理より

$$b^2=(\sqrt{3})^2+4^2-2\times\sqrt{3}\times4\times\cos30^\circ$$

$$=3+16-8\sqrt{3}\times\frac{\sqrt{3}}{2}$$

$$=3+16-12=7$$

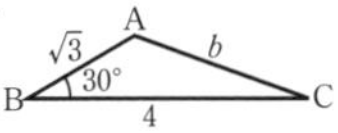


$b>0$ より

$b=\sqrt{\mathbf{7}}$

(2) 余弦定理より

$a^2=3^2+4^2-2\times3\times4\times\cos120^\circ$

$=9+16-24\times\left(-\dfrac{1}{2}\right)$

$=9+16+12=37$

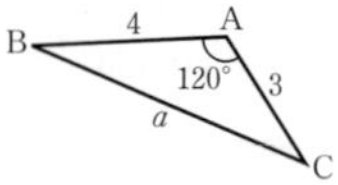


$a>0$ より

$a=\sqrt{37}$

(3) 余弦定理より

$c^2=2^2+(1+\sqrt{3})^2$

$-2\times2\times(1+\sqrt{3})\times\cos60^\circ$

$=4+4+2\sqrt{3}-4(1+\sqrt{3})\times\dfrac{1}{2}$

$=4+4+2\sqrt{3}-2-2\sqrt{3}$

$=6$

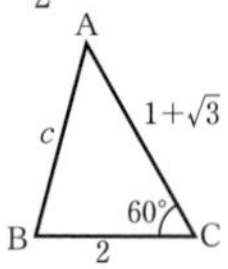


$c>0$ より

$c=\sqrt{6}$

**253** (1) 余弦定理より

$\cos A=\dfrac{b^2+c^2-a^2}{2bc}=\dfrac{5^2+3^2-7^2}{2\times5\times3}$

$=\dfrac{25+9-49}{2\times5\times3}=\dfrac{-15}{2\times5\times3}=-\dfrac{1}{2}$

よって，$0^\circ<A<180^\circ$ より

$A=120^\circ$

(2) 余弦定理より

$\cos B=\dfrac{c^2+a^2-b^2}{2ca}=\dfrac{(3\sqrt{2})^2+4^2-(\sqrt{10})^2}{2\times3\sqrt{2}\times4}$

$=\dfrac{18+16-10}{2\times3\sqrt{2}\times4}=\dfrac{24}{2\times3\sqrt{2}\times4}$

$=\dfrac{1}{\sqrt{2}}$

よって，$0^\circ<B<180^\circ$ より

$B=45^\circ$

(3) 余弦定理より

$\cos C=\dfrac{a^2+b^2-c^2}{2ab}=\dfrac{7^2+(6\sqrt{2})^2-11^2}{2\times7\times6\sqrt{2}}=0$

よって，$0^\circ<C<180^\circ$ より

$C=90^\circ$

**254** (1) $b^2+c^2=3^2+2^2=13$，$a^2=4^2=16$

であるから，$b^2+c^2<a^2$ より

$A$は **鈍角** である。

(2) $b^2+c^2=4^2+5^2=41$，$a^2=6^2=36$

であるから，$b^2+c^2>a^2$ より

$A$は **鋭角** である。

(3) $b^2+c^2=12^2+5^2=169$，$a^2=13^2=169$

であるから，$b^2+c^2=a^2$ より

$A$は **直角** である。

**255** (1) 余弦定理より

$b^2=(\sqrt{3}-1)^2+(\sqrt{2})^2-2\times(\sqrt{3}-1)$

$\times\sqrt{2}\times\cos135^\circ$

$=4-2\sqrt{3}+2+2\sqrt{3}-2=4$

ここで，$b>0$ であるから　$b=2$

正弦定理より

$\dfrac{\sqrt{2}}{\sin A}=\dfrac{2}{\sin135^\circ}$

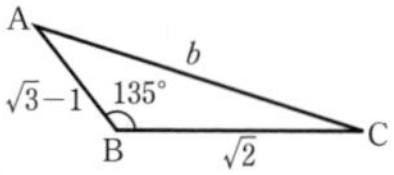


両辺に $\sin A\sin135^\circ$ を

掛けて

$\sqrt{2}\times\sin135^\circ=2\times\sin A$

ゆえに

$\sin A=\dfrac{\sqrt{2}}{2}\times\sin135^\circ$

$=\dfrac{\sqrt{2}}{2}\times\dfrac{1}{\sqrt{2}}=\dfrac{1}{2}$

ここで，$180^\circ-135^\circ=45^\circ$ より　$0^\circ<A<45^\circ$

よって　$A=30^\circ$

さらに　$C=180^\circ-(135^\circ+30^\circ)=15^\circ$

したがって

$b=2$，$A=30^\circ$，$C=15^\circ$

(2) 余弦定理より

$a^2=(\sqrt{6})^2+(\sqrt{3}-1)^2$

$-2\times\sqrt{6}\times(\sqrt{3}-1)\times\cos45^\circ$

$=6+4-2\sqrt{3}-(6-2\sqrt{3})$

$=4$

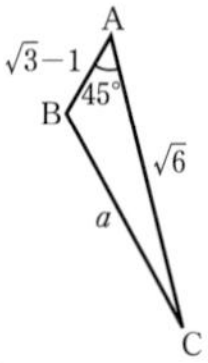


ここで，$a>0$ であるから　$a=2$

余弦定理より

$\cos B=\dfrac{(\sqrt{3}-1)^2+2^2-(\sqrt{6})^2}{2\times(\sqrt{3}-1)\times2}$

$=\dfrac{4-2\sqrt{3}+4-6}{4(\sqrt{3}-1)}=\dfrac{2-2\sqrt{3}}{4(\sqrt{3}-1)}$

$=-\dfrac{1}{2}$

$0^\circ<B<180^\circ$ より　$B=120^\circ$

さらに　$C=180^\circ-(45^\circ+120^\circ)=15^\circ$

したがって

$a=2$，$B=120^\circ$，$C=15^\circ$

(3) 正弦定理より

$\dfrac{2\sqrt{2}}{\sin A}=\dfrac{\sqrt{6}}{\sin60^\circ}$

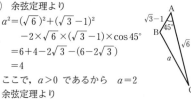

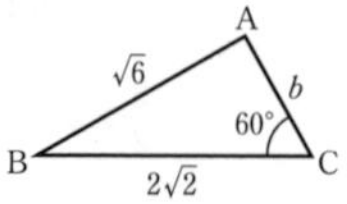


両辺に $\sin A\sin60^\circ$ を

掛けて

$2\sqrt{2}\times\sin60^\circ=\sqrt{6}\times\sin A$

ゆえに

$$\sin A=\frac{2\sqrt{2}}{\sqrt{6}}\times\sin 60^\circ=\frac{2}{\sqrt{3}}\times\frac{\sqrt{3}}{2}=1$$

$0^\circ<A<180^\circ$ より　　$A=90^\circ$

さらに　　$B=180^\circ-(90^\circ+60^\circ)=30^\circ$

余弦定理より

$b^2=(\sqrt{6})^2+(2\sqrt{2})^2-2\times\sqrt{6}\times2\sqrt{2}\times\cos 30^\circ$

$\quad=6+8-12=2$

よって，$b>0$ より　　$b=\sqrt{2}$

したがって

$\quad b=\boldsymbol{\sqrt{2}}$，$A=\mathbf{90^\circ}$，$B=\mathbf{30^\circ}$

**256**　(1)　△ABD において，余弦定理より

$BD^2=3^2+4^2-2\times3\times4\times\cos 60^\circ=13$

$BD>0$ より　　$BD=\boldsymbol{\sqrt{13}}$

(2)　四角形 ABCD は円に内接するから

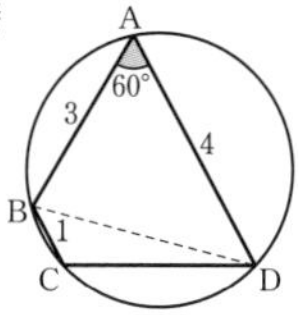


$\angle BCD=180^\circ-\angle BAD$

$\quad=180^\circ-60^\circ$

$\quad=120^\circ$

$CD=x$ とすると，△BCD において，余弦定理より

$(\sqrt{13})^2=1^2+x^2-2\times1\times x\times\cos 120^\circ$

整理すると　　$x^2+x-12=0$

より　　$(x-3)(x+4)=0$

ここで $x>0$ であるから　　$x=3$

すなわち　　$CD=\mathbf{3}$

**257**　(1)　△ABC において，余弦定理より

$$\cos B=\frac{6^2+8^2-4^2}{2\times6\times8}=\boldsymbol{\frac{7}{8}}$$

(2)　△ABM において，余弦定理より

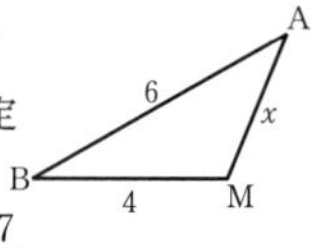


$$x^2=6^2+4^2-2\times6\times4\times\frac{7}{8}$$

$\quad=10$

$x>0$ であるから

$\quad x=\boldsymbol{\sqrt{10}}$

**258**　(1)　正弦定理より　　$\dfrac{2\sqrt{2}}{\sin B}=\dfrac{4}{\sin 45^\circ}$

両辺に $\sin B\sin 45^\circ$ を掛けると

$\quad 2\sqrt{2}\times\sin 45^\circ=4\times\sin B$

よって

$$\sin B=\frac{2\sqrt{2}}{4}\times\sin 45^\circ=\frac{\sqrt{2}}{2}\times\frac{1}{\sqrt{2}}=\frac{1}{2}$$

$0^\circ<B<180^\circ$ より

$\quad B=30^\circ$，$150^\circ$

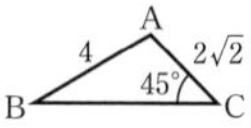


ここで，$C=45^\circ$ であるから

$0^\circ<B<135^\circ$ より

$\quad B=\mathbf{30^\circ}$

(2)　正弦定理より

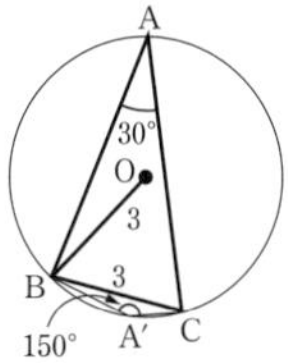


$$\frac{3}{\sin A}=2\times3$$

$$\sin A=\frac{1}{2}$$

$0^\circ<A<180^\circ$ より

$\quad A=\mathbf{30^\circ}$，$\mathbf{150^\circ}$

**259**　$\cos C=\dfrac{1^2+(\sqrt{2})^2-(\sqrt{5})^2}{2\times1\times\sqrt{2}}$

$$=\frac{1+2-5}{2\sqrt{2}}=-\frac{1}{\sqrt{2}}$$

$0^\circ<C<180^\circ$ より

$\quad C=\mathbf{135^\circ}$

正弦定理より

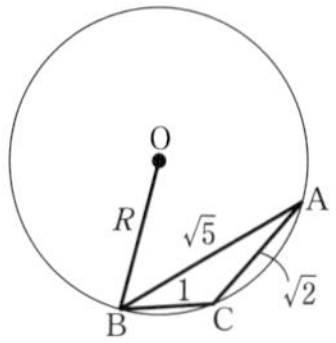


$$\frac{\sqrt{5}}{\sin 135^\circ}=2R$$

よって

$$R=\frac{\sqrt{5}}{2\sin 135^\circ}$$

$\quad=\sqrt{5}\div2\sin 135^\circ$

$$=\sqrt{5}\div\left(2\times\frac{1}{\sqrt{2}}\right)=\sqrt{5}\times\frac{\sqrt{2}}{2}=\boldsymbol{\frac{\sqrt{10}}{2}}$$

**260**　(1)　正弦定理より

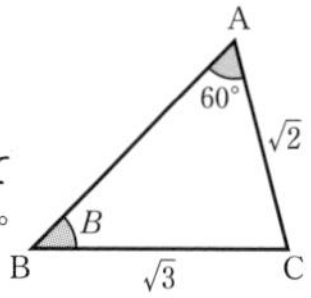


$$\frac{\sqrt{3}}{\sin 60^\circ}=\frac{\sqrt{2}}{\sin B}$$

両辺に $\sin 60^\circ\sin B$ を掛けて

$\quad\sqrt{3}\times\sin B=\sqrt{2}\times\sin 60^\circ$

ゆえに

$$\sin B=\frac{\sqrt{2}}{\sqrt{3}}\times\frac{\sqrt{3}}{2}=\frac{1}{\sqrt{2}}$$

ここで，$A=60^\circ$ であるから，$B<120^\circ$ より

$\quad B=\mathbf{45^\circ}$

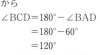

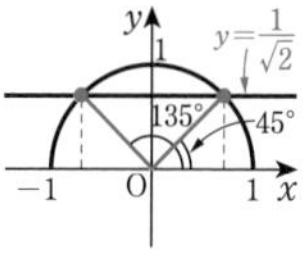


また，正弦定理より

$$\frac{\sqrt{3}}{\sin 60^\circ}=2R$$

よって　　$R=\dfrac{1}{2}\times\dfrac{\sqrt{3}}{\sin 60^\circ}$

$$=\frac{1}{2}\times\sqrt{3}\div\frac{\sqrt{3}}{2}$$

$\quad=\mathbf{1}$

(2)　正弦定理より

$$\frac{2\sqrt{3}}{\sin 120^\circ}=\frac{2}{\sin C}$$

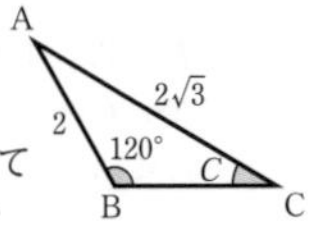


両辺に $\sin 120^\circ \sin C$ を掛けて

$2\sqrt{3}\times\sin C=2\times\sin 120^\circ$

ゆえに

$$\sin C=\frac{2}{2\sqrt{3}}\times\frac{\sqrt{3}}{2}=\frac{1}{2}$$

ここで，$B=120^\circ$

であるから

$C<60^\circ$ より

$C=$ **30°**

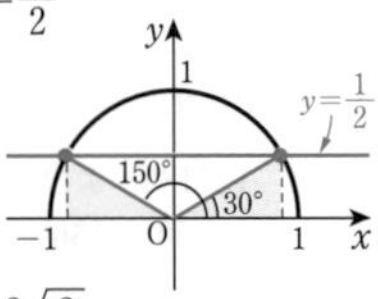


また，正弦定理より　$\dfrac{2\sqrt{3}}{\sin 120^\circ}=2R$

よって

$$R=\frac{1}{2}\times\frac{2\sqrt{3}}{\sin 120^\circ}=\frac{1}{2}\times 2\sqrt{3}\div\frac{\sqrt{3}}{2}=\mathbf{2}$$

## 261

正弦定理　$\dfrac{a}{\sin A}=\dfrac{b}{\sin B}=\dfrac{c}{\sin C}$　より

$a:b:c=\sin A:\sin B:\sin C$

が成り立つ。

$\sin A:\sin B:\sin C=5:8:7$ より

$a:b:c=5:8:7$

となるから

$a=5k,\ b=8k,\ c=7k\quad(k>0)$

とおける。

余弦定理　$\cos C=\dfrac{a^2+b^2-c^2}{2ab}$　より

$$\cos C=\frac{(5k)^2+(8k)^2-(7k)^2}{2\cdot 5k\cdot 8k}$$

$$=\frac{25k^2+64k^2-49k^2}{80k^2}=\frac{1}{2}$$

よって，$0^\circ<C<180^\circ$ より

$C=$ **60°**

## 262

(1)　△ABC において　$\tan 30^\circ=\dfrac{1}{\mathrm{BD}+1}$

ゆえに　$\dfrac{1}{\sqrt{3}}=\dfrac{1}{\mathrm{BD}+1}$　より　$\mathrm{BD}+1=\sqrt{3}$

よって　　$\mathrm{BD}=\boldsymbol{\sqrt{3}-1}$

(2)　△CAD は直角二等辺三角形であり，

AC＝DC＝1 であるから

$\mathrm{AD}=\sqrt{2}$

また，△ABD において内角と外角の関係より

$\angle\mathrm{BAD}=\angle\mathrm{ADC}-\angle\mathrm{ABD}$

$=45^\circ-30^\circ=15^\circ$

△ABD に正弦定理を用いると

$$\frac{\mathrm{BD}}{\sin 15^\circ}=\frac{\mathrm{AD}}{\sin 30^\circ}$$

よって　$\sin 15^\circ=\dfrac{\mathrm{BD}}{\mathrm{AD}}\times\sin 30^\circ$

$$=\frac{\sqrt{3}-1}{\sqrt{2}}\times\frac{1}{2}=\boldsymbol{\frac{\sqrt{6}-\sqrt{2}}{4}}$$

## 263

(1)　正弦定理より　$\dfrac{c}{\sin 45^\circ}=\dfrac{2\sqrt{3}}{\sin 60^\circ}$

よって　$c=\dfrac{2\sqrt{3}}{\sin 60^\circ}\times\sin 45^\circ$

$=2\sqrt{3}\div\sin 60^\circ\times\sin 45^\circ$

$=2\sqrt{3}\div\dfrac{\sqrt{3}}{2}\times\dfrac{1}{\sqrt{2}}$

$=2\sqrt{3}\times\dfrac{2}{\sqrt{3}}\times\dfrac{1}{\sqrt{2}}=\boldsymbol{2\sqrt{2}}$

また，余弦定理より

$(2\sqrt{3})^2=(2\sqrt{2})^2+a^2-2\times 2\sqrt{2}\times a\times\cos 60^\circ$

$a^2-2\sqrt{2}\,a-4=0$

これを解くと　$a=\sqrt{2}\pm\sqrt{6}$

$a>0$ より　　$a=\boldsymbol{\sqrt{2}+\sqrt{6}}$

別解　頂点Aから対辺 BC におろした垂線とBC の交点を H とすると

$\angle\mathrm{CAH}=45^\circ,\ \angle\mathrm{BAH}=30^\circ$

よって　$\mathrm{AH}=b\sin 45^\circ=2\sqrt{3}\times\dfrac{1}{\sqrt{2}}=\sqrt{6}$

また　$\mathrm{AH}=c\sin 60^\circ=\dfrac{\sqrt{3}}{2}c$

であるから

$\dfrac{\sqrt{3}}{2}c=\sqrt{6}$　より　　$c=\boldsymbol{2\sqrt{2}}$

また　$\mathrm{CH}=\mathrm{AH}=\sqrt{6}$

$\mathrm{BH}=c\cos 60^\circ=2\sqrt{2}\times\dfrac{1}{2}=\sqrt{2}$

より　　$a=\mathrm{CH}+\mathrm{BH}=\boldsymbol{\sqrt{6}+\sqrt{2}}$

(2)　正弦定理より　$\dfrac{\sqrt{6}+\sqrt{2}}{\sin 75^\circ}=\dfrac{2\sqrt{3}}{\sin 60^\circ}$

したがって　$\sin 75^\circ=\dfrac{\sqrt{6}+\sqrt{2}}{2\sqrt{3}}\times\sin 60^\circ$

$=\dfrac{\sqrt{6}+\sqrt{2}}{2\sqrt{3}}\times\dfrac{\sqrt{3}}{2}$

$=\boldsymbol{\dfrac{\sqrt{6}+\sqrt{2}}{4}}$

## 264

△ABC の外接円の半径を $R$ とすると

正弦定理より　$\dfrac{b}{\sin B}=2R,\ \dfrac{c}{\sin C}=2R$

ゆえに　$\sin B=\dfrac{b}{2R}$，$\sin C=\dfrac{c}{2R}$　……①

また，余弦定理より

$$\cos A=\frac{b^2+c^2-a^2}{2bc}\quad\text{……②}$$

①，②を与えられた条件式に代入して

$$\frac{c}{2R}=2\times\frac{b}{2R}\times\frac{b^2+c^2-a^2}{2bc}$$

両辺に $2R$ を掛けて

$$c=2b\times\frac{b^2+c^2-a^2}{2bc}$$

さらに，両辺に $c$ を掛けて

$$c^2=b^2+c^2-a^2$$

よって　$a^2=b^2$

$a>0$，$b>0$ より　$a=b$

したがって，△ABC は，

**BC＝CA の二等辺三角形**

## 265

(1) 正弦定理

$$\frac{a}{\sin A}=\frac{b}{\sin B}=\frac{c}{\sin C}=2R$$

(ただし，$R$ は△ABC の外接円の半径)

より

$$\sin A=\frac{a}{2R},\ \sin B=\frac{b}{2R},\ \sin C=\frac{c}{2R}$$

であるから

$$a(\sin B+\sin C)=a\left(\frac{b}{2R}+\frac{c}{2R}\right)=\frac{a}{2R}(b+c)$$

$$(b+c)\sin A=(b+c)\times\frac{a}{2R}=\frac{a}{2R}(b+c)$$

よって

$$a(\sin B+\sin C)=(b+c)\sin A$$

(2) 正弦定理

$$\frac{a}{\sin A}=\frac{b}{\sin B}=2R$$

(ただし，$R$ は△ABC の外接円の半径)

より

$$\sin A=\frac{a}{2R},\ \sin B=\frac{b}{2R}$$

余弦定理より

$$\cos A=\frac{b^2+c^2-a^2}{2bc},\ \cos B=\frac{c^2+a^2-b^2}{2ca}$$

であるから

$$\frac{a-c\cos B}{b-c\cos A}$$

$$=\left(a-c\times\frac{c^2+a^2-b^2}{2ca}\right)\div\left(b-c\times\frac{b^2+c^2-a^2}{2bc}\right)$$

$$=\frac{2a^2-(c^2+a^2-b^2)}{2a}\div\frac{2b^2-(b^2+c^2-a^2)}{2b}$$

$$=\frac{a^2+b^2-c^2}{2a}\times\frac{2b}{a^2+b^2-c^2}=\frac{b}{a}$$

$$\frac{\sin B}{\sin A}=\frac{b}{2R}\div\frac{a}{2R}=\frac{b}{2R}\times\frac{2R}{a}=\frac{b}{a}$$

よって　$\dfrac{a-c\cos B}{b-c\cos A}=\dfrac{\sin B}{\sin A}$

## 266

(1) $S=\dfrac{1}{2}\times5\times4\times\sin45^\circ$

$=\dfrac{1}{2}\times5\times4\times\dfrac{1}{\sqrt{2}}$

$=\mathbf{5\sqrt{2}}$

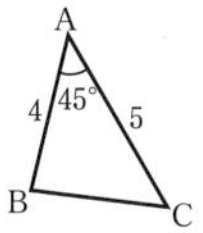


(2) $S=\dfrac{1}{2}\times6\times4\times\sin120^\circ$

$=\dfrac{1}{2}\times6\times4\times\dfrac{\sqrt{3}}{2}$

$=\mathbf{6\sqrt{3}}$

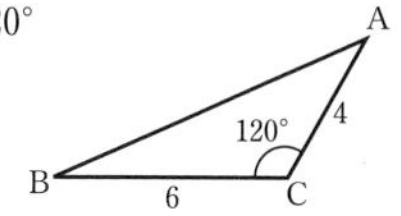


(3) $A=180^\circ-(45^\circ+75^\circ)=60^\circ$ より

$S=\dfrac{1}{2}\times\sqrt{6}\times(1+\sqrt{3})\times\sin60^\circ$

$=\dfrac{1}{2}\times\sqrt{6}\times(1+\sqrt{3})$

$\times\dfrac{\sqrt{3}}{2}$

$=\mathbf{\dfrac{3}{4}(\sqrt{2}+\sqrt{6})}$

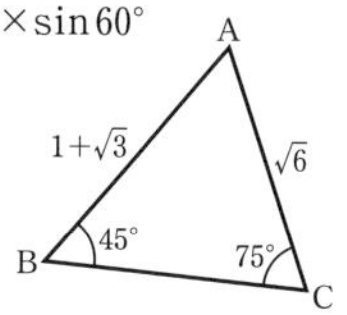


## 267

(1) 余弦定理より

$\cos A=\dfrac{b^2+c^2-a^2}{2bc}$

$=\dfrac{3^2+4^2-2^2}{2\times3\times4}$

$=\mathbf{\dfrac{7}{8}}$

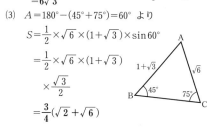

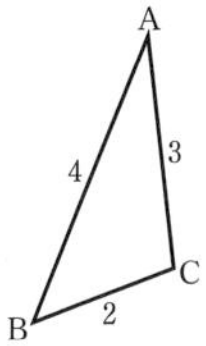


(2) $\sin^2A+\cos^2A=1$ より

$$\sin^2A=1-\cos^2A=1-\left(\frac{7}{8}\right)^2=\frac{15}{64}$$

$0^\circ<A<180^\circ$ のとき，$\sin A>0$　であるから

$$\sin A=\sqrt{\frac{15}{64}}=\mathbf{\frac{\sqrt{15}}{8}}$$

(3) $S=\dfrac{1}{2}bc\sin A=\dfrac{1}{2}\times3\times4\times\dfrac{\sqrt{15}}{8}$

$=\mathbf{\dfrac{3\sqrt{15}}{4}}$

別解　教科書 p.153 のヘロンの公式より

$s=\dfrac{2+3+4}{2}=\dfrac{9}{2}$ であるから

$S=\sqrt{\dfrac{9}{2}\left(\dfrac{9}{2}-2\right)\left(\dfrac{9}{2}-3\right)\left(\dfrac{9}{2}-4\right)}$

$=\sqrt{\dfrac{9}{2}\times\dfrac{5}{2}\times\dfrac{3}{2}\times\dfrac{1}{2}}=\boldsymbol{\dfrac{3\sqrt{15}}{4}}$

**268** (1) 余弦定理より

$a^2=5^2+3^2-2\times5\times3\times\cos120^\circ$

$=25+9-30\times\left(-\dfrac{1}{2}\right)$

$=49$

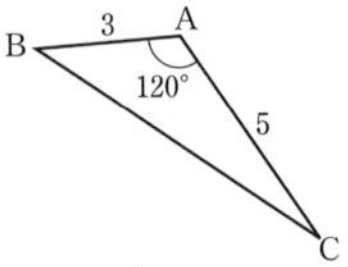


$a>0$ より

$a=\boldsymbol{7}$

(2) $S=\dfrac{1}{2}\times5\times3\times\sin120^\circ=\dfrac{15}{2}\times\dfrac{\sqrt{3}}{2}$

$=\boldsymbol{\dfrac{15\sqrt{3}}{4}}$

$S=\dfrac{1}{2}(a+b+c)r$ より

$\dfrac{15\sqrt{3}}{4}=\dfrac{1}{2}(7+5+3)r$

$\dfrac{15\sqrt{3}}{4}=\dfrac{15}{2}r$

よって　$r=\dfrac{15\sqrt{3}}{4}\times\dfrac{2}{15}=\boldsymbol{\dfrac{\sqrt{3}}{2}}$

**269** (1) 余弦定理より

$\cos A=\dfrac{5^2+7^2-8^2}{2\times5\times7}$

$=\dfrac{1}{7}$

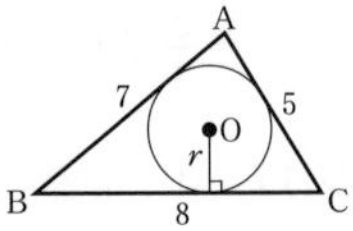


ゆえに，$\sin^2A+\cos^2A=1$ より

$\sin^2A=1-\cos^2A=1-\left(\dfrac{1}{7}\right)^2=\dfrac{48}{49}$

ここで，$\sin A>0$ であるから

$\sin A=\sqrt{\dfrac{48}{49}}=\dfrac{4\sqrt{3}}{7}$

よって，△ABC の面積 $S$ は

$S=\dfrac{1}{2}bc\sin A$

$=\dfrac{1}{2}\times5\times7\times\dfrac{4\sqrt{3}}{7}=\boldsymbol{10\sqrt{3}}$

(2) $S=\dfrac{1}{2}r(a+b+c)$ より

$10\sqrt{3}=\dfrac{1}{2}r(8+5+7)$

よって　$10\sqrt{3}=10r$ より

$r=\boldsymbol{\sqrt{3}}$

**270** 正弦定理より

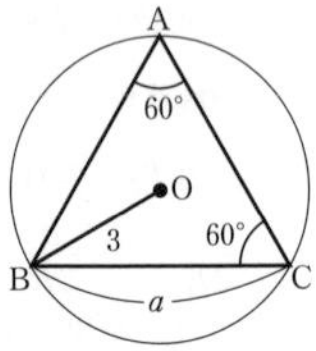


$\dfrac{a}{\sin60^\circ}=2\times3$

よって

$a=2\times3\times\sin60^\circ$

$=6\times\dfrac{\sqrt{3}}{2}=3\sqrt{3}$

正三角形であるから

$b=c=3\sqrt{3}$

求める正三角形の面積を $S$ とすると，

$S=\dfrac{1}{2}bc\sin A$ より

$S=\dfrac{1}{2}\times3\sqrt{3}\times3\sqrt{3}\times\sin60^\circ$

$=\dfrac{27}{2}\times\dfrac{\sqrt{3}}{2}=\boldsymbol{\dfrac{27\sqrt{3}}{4}}$

**271** (1) $\angle\mathrm{BAD}=\angle\mathrm{CAD}=30^\circ$ より

$\triangle\mathrm{ABD}=\dfrac{1}{2}\times3\times x\times\sin30^\circ=\boldsymbol{\dfrac{3}{4}x}$

$\triangle\mathrm{ACD}=\dfrac{1}{2}\times2\times x\times\sin30^\circ=\boldsymbol{\dfrac{1}{2}x}$

(2) $\triangle\mathrm{ABC}=\dfrac{1}{2}\times2\times3\times\sin60^\circ=\dfrac{3\sqrt{3}}{2}$

$\triangle\mathrm{ABD}+\triangle\mathrm{ACD}=\triangle\mathrm{ABC}$ であるから

$\dfrac{3}{4}x+\dfrac{1}{2}x=\dfrac{3\sqrt{3}}{2}$

よって　$x=\boldsymbol{\dfrac{6\sqrt{3}}{5}}$

**272** (1) $s=\dfrac{a+b+c}{2}=\dfrac{4+5+7}{2}=8$

であるから，面積 $S$ は

$S=\sqrt{8(8-4)(8-5)(8-7)}$

$=\sqrt{8\times4\times3\times1}=\boldsymbol{4\sqrt{6}}$

(2) $s=\dfrac{a+b+c}{2}=\dfrac{5+6+9}{2}=10$

であるから，面積 $S$ は

$S=\sqrt{10(10-5)(10-6)(10-9)}$

$=\sqrt{10\times5\times4\times1}=\boldsymbol{10\sqrt{2}}$

**273** (1) △ABD において，余弦定理より

$BD^2=1^2+4^2-2\times1\times4\times\cos\theta=17-8\cos\theta$

△BCD において，余弦定理より

$BD^2=2^2+3^2-2\times2\times3\times\cos(180^\circ-\theta)$

$=13+12\cos\theta$

ゆえに　$17-8\cos\theta=13+12\cos\theta$

整理すると　$20\cos\theta=4$

よって　$\cos\theta=\mathbf{\frac{1}{5}}$

(2) $0^\circ<\theta<180^\circ$ より $\sin\theta>0$ であるから

$\sin\theta=\sqrt{1-\cos^2\theta}=\sqrt{1-\left(\frac{1}{5}\right)^2}=\frac{2\sqrt{6}}{5}$

よって

$S=\triangle ABD+\triangle BCD$

$=\frac{1}{2}\times1\times4\times\sin\theta$

$+\frac{1}{2}\times2\times3\times\sin(180^\circ-\theta)$ ← $\sin(180^\circ-\theta)=\sin\theta$

$=2\times\frac{2\sqrt{6}}{5}+3\times\frac{2\sqrt{6}}{5}$

$=\mathbf{2\sqrt{6}}$

**274** △ABH において，

$\angle AHB=180^\circ-(60^\circ+75^\circ)=45^\circ$

であるから，正弦定理より

$\frac{AH}{\sin60^\circ}=\frac{30}{\sin45^\circ}$

両辺に $\sin60^\circ$ を掛けて

$AH=\frac{30}{\sin45^\circ}\times\sin60^\circ$

$=30\div\frac{1}{\sqrt{2}}\times\frac{\sqrt{3}}{2}=15\sqrt{6}$

したがって，△ACH において

$CH=AH\tan45^\circ=15\sqrt{6}\times1=\mathbf{15\sqrt{6}}$ **(m)**

**275** △ABC において

$\angle ACB=180^\circ-(45^\circ+105^\circ)=30^\circ$

正弦定理より　$\frac{BC}{\sin45^\circ}=\frac{4}{\sin30^\circ}$

両辺に $\sin45^\circ$ を掛けて

$BC=\frac{4}{\sin30^\circ}\times\sin45^\circ=4\div\frac{1}{2}\times\frac{1}{\sqrt{2}}=4\sqrt{2}$

よって，△BCH において

$CH=BC\sin30^\circ$

$=4\sqrt{2}\times\frac{1}{2}=\mathbf{2\sqrt{2}}$ **(m)**

**276** (1) △ABH において

$\angle ABH=180^\circ-(30^\circ+105^\circ)$

$=45^\circ$

正弦定理より　$\frac{AH}{\sin45^\circ}=\frac{10}{\sin30^\circ}$

であるから

$AH=\frac{10}{\sin30^\circ}\times\sin45^\circ$

$=10\div\frac{1}{2}\times\frac{1}{\sqrt{2}}=10\times2\times\frac{1}{\sqrt{2}}$

$=10\sqrt{2}$

よって，△PAH において，辺 PH は

$PH=AH\tan\angle PAH=10\sqrt{2}\times\tan60^\circ$

$=10\sqrt{2}\times\sqrt{3}=\mathbf{10\sqrt{6}}$

(2) △PHB において

$\tan\angle PBH=\frac{PH}{BH}$ より

$\tan\theta=\frac{10\sqrt{6}}{10}=\sqrt{6}$

ここで，$1+\tan^2\theta=\frac{1}{\cos^2\theta}$ であるから

$\cos^2\theta=\frac{1}{1+\tan^2\theta}=\frac{1}{1+(\sqrt{6})^2}=\frac{1}{7}$

$0^\circ<\theta<90^\circ$ のとき，$\cos\theta>0$ であるから

$\cos\theta=\sqrt{\frac{1}{7}}=\mathbf{\frac{\sqrt{7}}{7}}$

**277** (1) $AC=\sqrt{1^2+(\sqrt{3})^2}=\mathbf{2}$

$AF=\sqrt{(\sqrt{6})^2+(\sqrt{3})^2}=\mathbf{3}$

$FC=\sqrt{1^2+(\sqrt{6})^2}=\mathbf{\sqrt{7}}$

(2) △AFC において，余弦定理より

$\cos\theta=\frac{2^2+3^2-(\sqrt{7})^2}{2\times2\times3}=\frac{1}{2}$

$0^\circ<\angle CAF<180^\circ$ より

$\angle CAF=\mathbf{60^\circ}$

(3) $\sin\theta=\sin60^\circ=\frac{\sqrt{3}}{2}$

であるから

$S=\frac{1}{2}\times AF\times AC\times\sin\theta$

$=\frac{1}{2}\times3\times2\times\frac{\sqrt{3}}{2}$

$=\mathbf{\frac{3\sqrt{3}}{2}}$

**278** (1) 辺 BC の中点を M とし，頂点 A から線分 DM に垂線 AH をおろすと，AH の長

さは △BCD を底面としたときの四面体 ABCD の高さになっている。

△BCD は，1 辺の長さが $6\sqrt{2}$ の正三角形であるから

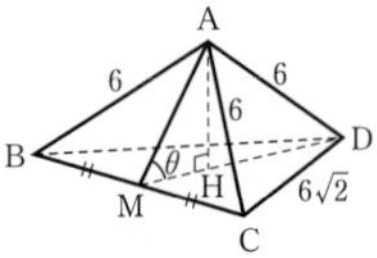


$DM=6\sqrt{2}\times\sin 60°$
$=3\sqrt{6}$

また，$AB:AC:BC=1:1:\sqrt{2}$ であるから，△ABC は直角二等辺三角形である。

$\angle ABC=45°$，$AM\perp BC$ より

$AM=6\times\sin 45°=3\sqrt{2}$

$\angle AMD=\theta$ とすると

$AH=AM\sin\theta$ ……①

△AMD において，余弦定理より

$$\cos\theta=\frac{(3\sqrt{2})^2+(3\sqrt{6})^2-6^2}{2\times3\sqrt{2}\times3\sqrt{6}}=\frac{\sqrt{3}}{3}$$

$\sin\theta>0$ であるから

$$\sin\theta=\sqrt{1-\left(\frac{\sqrt{3}}{3}\right)^2}=\frac{\sqrt{6}}{3}$$

よって，①より　$AH=3\sqrt{2}\times\frac{\sqrt{6}}{3}=2\sqrt{3}$

したがって

$$V=\frac{1}{3}\times\triangle BCD\times AH$$
$$=\frac{1}{3}\times\left\{\frac{1}{2}\times(6\sqrt{2})^2\times\sin 60°\right\}\times2\sqrt{3}$$
$$=\frac{1}{3}\times18\sqrt{3}\times2\sqrt{3}$$
$$=\mathbf{36}$$

(2)　4 つの四面体 OABC，OACD，OABD，OBCD のいずれについても，四面体 ABCD の各面を底面としたときの高さが球 O の半径 $r$ になっている。四面体 ABCD の体積 $V$ は，これら 4 つの四面体の体積の和に等しい。

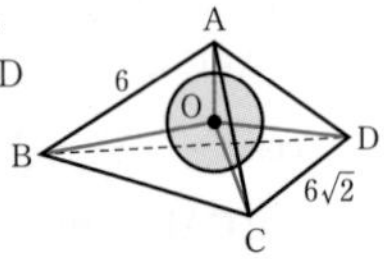


△ABC，△ACD，△ABD は合同であり，その面積は　$\frac{1}{2}\times6\sqrt{2}\times3\sqrt{2}=18$

(1)より，△BCD の面積は $18\sqrt{3}$

よって

$$\left(\frac{1}{3}\times18\times r\right)\times3+\frac{1}{3}\times18\sqrt{3}\times r=36$$

したがって

$$r=\frac{6}{3+\sqrt{3}}=\frac{6(3-\sqrt{3})}{(3+\sqrt{3})(3-\sqrt{3})}$$
$$=\frac{6(3-\sqrt{3})}{9-3}=\mathbf{3-\sqrt{3}}$$

## 279

(1)　9.5〜10.0 の階級の階級値であるから

$\frac{9.5+10.0}{2}=$ **9.75（秒）**

(2)　8.0〜8.5 の階級に速い方から 4 番目までの生徒がおり，8.5〜9.0 の階級までに速い方から 4+6=10 番目までの生徒がいる。よって，速い方から 5 番目の生徒は 8.5〜9.0 の階級にいることがわかる。

その階級値は　$\frac{8.5+9.0}{2}=$ **8.75（秒）**

(3)　4+6+7=**17（人）**

(4)　1+2=**3（人）**

## 280

(1)

| 階級(回) 以上〜未満 | 階級値 (回) | 度数 (人) | 相対度数 |
|---|---|---|---|
| 12〜16 | **14** | **1** | **0.05** |
| 16〜20 | **18** | **3** | **0.15** |
| 20〜24 | **22** | **6** | **0.30** |
| 24〜28 | **26** | **8** | **0.40** |
| 28〜32 | **30** | **2** | **0.10** |
| 計 | | 20 | 1 |

(2)

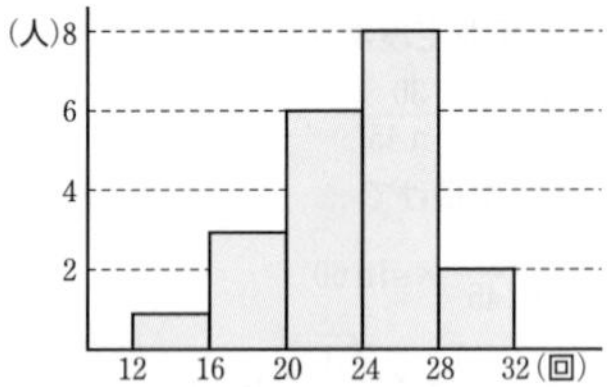


(3)　度数が最も大きい階級は，24 〜 28 の階級である。

最頻値はこの階級の階級値であるから

$\frac{24+28}{2}=$ **26（回）**

## 281

$$\bar{x}=\frac{1}{5}(18+21+31+9+17)$$
$$=\frac{1}{5}\times96=\frac{96}{5}=\mathbf{19.2}$$

## 282

(1)　A 班の平均値 $\bar{x}$ は

$$\bar{x}=\frac{1}{9}(29+33+35+38+40+41+49+51+53)$$
$$=\frac{369}{9}=\mathbf{41\ (kg)}$$

B班の平均値 $\overline{y}$ は

$$\overline{y}=\frac{1}{10}(23+30+36+39+41+43+44+46+48+50)$$

$$=\frac{400}{10}=\mathbf{40}\ (\mathbf{kg})$$

(2) A班の中央値は **40 kg**

B班の中央値は $\frac{41+43}{2}=\mathbf{42}\ (\mathbf{kg})$

**283** (1) データの大きさが 11 であるから，中央値は 6 番目の値である。

よって **32**

(2) データの大きさが 9 であるから，中央値は 5 番目の値である。

よって **37**

(3) データの大きさが 10 であるから，中央値は 5 番目と 6 番目の値の平均値である。

よって $\frac{28+41}{2}=\mathbf{34.5}$

(4) データの大きさが 12 であるから，中央値は 6 番目と 7 番目の値の平均値である。

よって $\frac{21+24}{2}=\mathbf{22.5}$

**284** 平均値を $\overline{x}$ とすると

$$\overline{x}=\frac{1}{6}(25+19+k+10+32+16)$$

$$=\frac{1}{6}(102+k)$$

ゆえに $\frac{1}{6}(102+k)=21$

よって $k=\mathbf{24}$

**285** Aグループの点の合計は $85\times12=1020$

Bグループの点の合計は $75.6\times20=1512$

Cグループの点の合計は $64.5\times8=516$

よって，全員の平均値 $a$ は

$$a=\frac{1}{12+20+8}(1020+1512+516)=\mathbf{76.2}$$

**286** (本書では，第 1 四分位数，第 2 四分位数，第 3 四分位数を，それぞれ $Q_1$，$Q_2$，$Q_3$ で表す。)

(1) 中央値が $Q_2$ であるから

$Q_2=6$

$Q_2$ を除いて，データを前半と後半に分ける。

$Q_1$ は前半のデータの中央値であるから

$Q_1=3$

$Q_3$ は後半のデータの中央値であるから

$Q_3=8$

よって $Q_1=\mathbf{3}$，$Q_2=\mathbf{6}$，$Q_3=\mathbf{8}$

(2) 中央値が $Q_2$ であるから

$$Q_2=\frac{5+6}{2}=5.5$$

$Q_2$ によって，データを前半と後半に分ける。

$Q_1$ は前半のデータの中央値であるから

$$Q_1=\frac{3+3}{2}=3$$

$Q_3$ は後半のデータの中央値であるから

$$Q_3=\frac{6+7}{2}=6.5$$

よって $Q_1=\mathbf{3}$，$Q_2=\mathbf{5.5}$，$Q_3=\mathbf{6.5}$

(3) 中央値が $Q_2$ であるから

$Q_2=10$

$Q_2$ を除いて，データを前半と後半に分ける。

$Q_1$ は前半のデータの中央値であるから

$$Q_1=\frac{7+7}{2}=7$$

$Q_3$ は後半のデータの中央値であるから

$$Q_3=\frac{13+15}{2}=14$$

よって $Q_1=\mathbf{7}$，$Q_2=\mathbf{10}$，$Q_3=\mathbf{14}$

(4) 中央値が $Q_2$ であるから

$$Q_2=\frac{15+17}{2}=16$$

$Q_2$ によって，データを前半と後半に分ける。

$Q_1$ は前半のデータの中央値であるから

$Q_1=14$

$Q_3$ は後半のデータの中央値であるから

$Q_3=17$

よって $Q_1=\mathbf{14}$，$Q_2=\mathbf{16}$，$Q_3=\mathbf{17}$

**287** (1) 最大値 11，最小値 5 より

範囲は $11-5=\mathbf{6}$

$Q_1=6$，$Q_2=9$，$Q_3=10$ より

四分位範囲は $10-6=\mathbf{4}$

(2) 最大値 7，最小値 1 より

範囲は $7-1=\mathbf{6}$

$Q_1=2$，$Q_2=\frac{5+5}{2}=5$，$Q_3=5$ より

四分位範囲は $5-2=\mathbf{3}$

(3) 最大値 12，最小値 5 より

範囲は $12-5=\mathbf{7}$

$Q_1=5$，$Q_2=8$，$Q_3=9$ より

四分位範囲は $9-5=\mathbf{4}$

箱ひげ図は次のようになる。

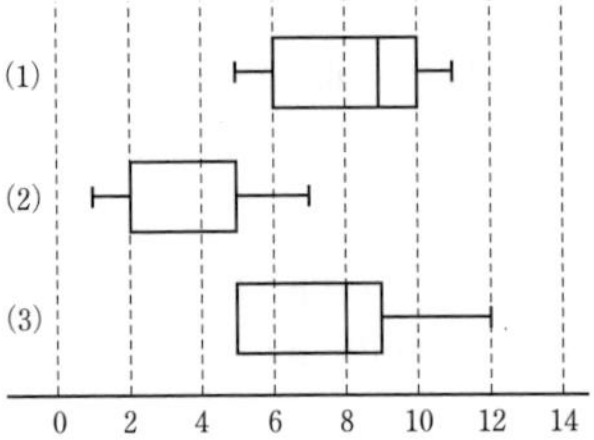


**288** ① 那覇と東京の最大値と最小値の差はそれぞれ，およそ

$26-16=10$, $22-7=15$

であるから，正しい。

② 那覇と東京の四分位範囲はそれぞれ，およそ

$24-19=5$, $19-10=9$

であるから，正しくない。

③ 那覇の最高気温の最小値はおよそ 16°C であるから，正しい。

④ 31 個の値について，四分位数の位置は次のようになる。

①～⑦，⑧，⑨～⑮，⑯，⑰～㉓，㉔，㉕～㉛

⑧ → $Q_1$，⑯ → $Q_2$，㉔ → $Q_3$

東京の $Q_1$ は 10°C であるが，たとえば次のようなデータの場合，最高気温が 10°C 未満の日数は 7 日ではない。

(単位 °C)

| | ①②③④⑤⑥⑦⑧⑨ ～ ⑯ ～ ㉔ ～ ㉛ |
|---|---|
| 東京 | 7 9 10101010101010 ～ 14 ～ 19 ～ 22 |

以上より，正しいと判断できるものは

①，③

**289** ヒストグラムⓐ，ⓑの表す分布は左右対称であるから，対応する箱ひげ図は㋐か㋓。ⓐは中央付近にデータが集まっているから，㋓が対応する。

ヒストグラムⓒの表す分布は左寄りであるから，箱ひげ図㋑が対応し，ⓓの表す分布は右寄りの分布であるから㋒が対応する。

よって，対応する組は

**ⓐと㋓，ⓑと㋐，ⓒと㋑，ⓓと㋒**

**290** (1) 国語，数学，英語の最小値，$Q_1$，$Q_2$，$Q_3$，最大値をまとめると

| | 最小値 | $Q_1$ | $Q_2$ | $Q_3$ | 最大値 |
|---|---|---|---|---|---|
| 国語 | 31 | 47 | 64 | 78 | 91 |
| 数学 | 29 | 50 | 67 | 79 | 98 |
| 英語 | 34 | 47 | 65 | 85 | 90 |

(点)

であるから，箱ひげ図は次のようになる。

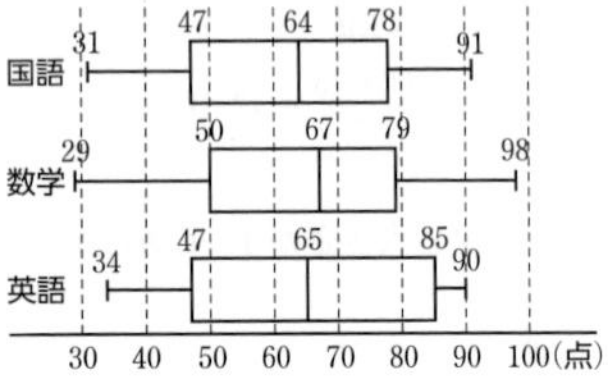


(2) 3 教科の四分位範囲は

国語 $78-47=31$

数学 $79-50=29$

英語 $85-47=38$

であるから，最も大きい教科は **英語**

**291** このデータについて

$$Q_2=\frac{61+63}{2}=62$$

$$Q_1=\frac{55+55}{2}=55$$

$$Q_3=\frac{65+67}{2}=66$$

よって ㋓

**292** 16 個の値について，四分位数の位置は次のようになる。

① ～ ④⑤ ～ ⑧⑨ ～ ⑫⑬ ～ ⑯

④⑤ → $Q_1$，⑧⑨ → $Q_2$，⑫⑬ → $Q_3$

$Q_1$ は 4 番目と 5 番目の値の平均値であるから，0 点以上 20 点未満の階級に含まれる。ゆえに，㋒は矛盾する。

次に，$Q_3$ は 12 番目と 13 番目の値の平均値であるから，60 点以上 80 点未満の階級に含まれる。ゆえに，㋑は矛盾する。

$Q_2$ は 8 番目と 9 番目の値の平均値であるから，40 点以上 60 点未満の階級に含まれる。ゆえに，㋐は矛盾しない。

よって，ヒストグラムと矛盾しないものは ㋐

**293** 中央値が 77 であるから

$a=77$ ……①

第 1 四分位数は $\dfrac{72+74}{2}=73$

第 3 四分位数は $\dfrac{b+88}{2}$

四分位範囲が 13 であるから $\frac{b+88}{2}-73=13$

よって $b=84$ ……②

平均値が 79 であるから

$$\frac{1}{9}(67+72+74+75+a+80+b+88+c)=79$$

$$456+a+b+c=711$$

これに，①，②を代入すると

$456+77+84+c=711$ より $c=94$

したがって **$a=77$，$b=84$，$c=94$**

## 294

(1) 平均値 $\overline{x}$ は

$$\overline{x}=\frac{1}{5}(3+5+7+4+6)=\frac{25}{5}=5$$

ゆえに，分散 $s^2$ は

$$s^2=\frac{1}{5}\{(3-5)^2+(5-5)^2+(7-5)^2+(4-5)^2+(6-5)^2\}$$

$$=\frac{10}{5}=\mathbf{2}$$

よって，標準偏差 $s$ は $s=\mathbf{\sqrt{2}}$

(2) 平均値 $\overline{x}$ は

$$\overline{x}=\frac{1}{6}(1+2+5+5+7+10)=\frac{30}{6}=5$$

ゆえに，分散 $s^2$ は

$$s^2=\frac{1}{6}\{(1-5)^2+(2-5)^2+(5-5)^2+(5-5)^2+(7-5)^2+(10-5)^2\}$$

$$=\frac{54}{6}=\mathbf{9}$$

よって，標準偏差 $s$ は $s=\sqrt{9}=\mathbf{3}$

(3) 平均値 $\overline{x}$ は

$$\overline{x}=\frac{1}{10}(44+45+46+49+51+52+54+56+61+62)$$

$$=\frac{520}{10}=52$$

ゆえに，分散 $s^2$ は

$$s^2=\frac{1}{10}\{(-8)^2+(-7)^2+(-6)^2+(-3)^2+(-1)^2$$

$$+0^2+2^2+4^2+9^2+10^2\}=\frac{360}{10}=\mathbf{36}$$

よって，標準偏差 $s$ は $s=\sqrt{36}=\mathbf{6}$

## 295

$x$ の平均値 $\overline{x}$ は

$$\overline{x}=\frac{1}{5}(4+6+7+8+10)=\frac{35}{5}=7$$

であるから，$x$ の標準偏差 $s_x$ は

$$s_x=\sqrt{\frac{1}{5}\{(4-7)^2+(6-7)^2+(7-7)^2+(8-7)^2+(10-7)^2\}}$$

$$=\sqrt{\frac{20}{5}}=\sqrt{4}=\mathbf{2}$$

$y$ の平均値 $\overline{y}$ は

$$\overline{y}=\frac{1}{5}(4+5+7+9+10)=\frac{35}{5}=7$$

であるから，$y$ の標準偏差 $s_y$ は

$$s_y=\sqrt{\frac{1}{5}\{(4-7)^2+(5-7)^2+(7-7)^2+(9-7)^2+(10-7)^2\}}$$

$$=\sqrt{\frac{26}{5}}=\mathbf{\sqrt{5.2}}$$

よって $s_x<s_y$

したがって，**$y$ の方が散らばりの度合いが大きい。**

## 296

平均値 $\overline{x}$ は

$$\overline{x}=\frac{1}{5}(8+2+4+6+5)=\frac{25}{5}=5$$

ゆえに，分数 $s^2$ は

$$s^2=\frac{1}{5}(8^2+2^2+4^2+6^2+5^2)-5^2$$

$$=\frac{145}{5}-25=\mathbf{4}$$

よって，標準偏差 $s$ は $s=\sqrt{4}=\mathbf{2}$

## 297

| | 身長 (cm) | | | | | | | | | 計 | 平均値 |
|---|---|---|---|---|---|---|---|---|---|---|---|
| $x$ | 169 | 170 | 175 | 177 | 177 | 178 | 180 | 183 | 184 | 1593 | 177 |
| $x-\overline{x}$ | −8 | −7 | −2 | 0 | 0 | 1 | 3 | 6 | 7 | 0 | 0 |
| $(x-\overline{x})^2$ | 64 | 49 | 4 | 0 | 0 | 1 | 9 | 36 | 49 | 212 | 23.6 |

$(x-\overline{x})^2$ の平均値は

$$\frac{1}{9}(64+49+4+0+0+1+9+36+49)$$

$$=\frac{1}{9}\times212=23.55\cdots\cdots\fallingdotseq23.6$$

よって，分散 $s^2$ は $s^2=\mathbf{23.6}$

## 298

| | | | | | | | 計 | 平均値 |
|---|---|---|---|---|---|---|---|---|
| $x$ | 2 | 4 | 4 | 5 | 7 | 8 | 30 | 5 |
| $x^2$ | 4 | 16 | 16 | 25 | 49 | 64 | 174 | 29 |

$x$ の平均値 $\overline{x}$ は

$$\overline{x}=\frac{1}{6}(2+4+4+5+7+8)$$

$$=\frac{1}{6}\times30=5$$

$x^2$ の平均値 $\overline{x^2}$ は

$$\overline{x^2}=\frac{1}{6}(4+16+16+25+49+64)$$

$$=\frac{1}{6}\times174=29$$

よって，分散 $s^2$ は

$$s^2=\overline{x^2}-(\overline{x})^2$$

第5章 データの分析

$=29-5^2=29-25=\mathbf{4}$

**299** 表を完成させると，下のようになる。

| 変量 $x$ | 度数 $f$ | $xf$ | $x-\overline{x}$ | $(x-\overline{x})^2f$ |
|---|---|---|---|---|
| 1 | 2 | 2 | $-2$ | 8 |
| 2 | 2 | 4 | $-1$ | 2 |
| 3 | 11 | 33 | 0 | 0 |
| 4 | 4 | 16 | 1 | 4 |
| 5 | 1 | 5 | 2 | 4 |
| 計 | 20 | 60 | | 18 |

偏差の 2 乗の和は，$(x-\overline{x})^2f$ の和であるから

$s^2=\dfrac{18}{20}=\mathbf{0.9}$

**300** 分散 $s^2$ は

$$s^2=\frac{1}{20}(4^2\cdot2+8^2\cdot3+12^2\cdot9+16^2\cdot5+20^2\cdot1)-\left\{\frac{1}{20}(4\cdot2+8\cdot3+12\cdot9+16\cdot5+20\cdot1)\right\}^2$$
$$=\frac{3200}{20}-\left(\frac{240}{20}\right)^2=160-144=\mathbf{16}$$

**301** 全体の平均値は

$$\frac{1}{20+12}(40\times20+56\times12)=\frac{1472}{32}=\mathbf{46}\ (\text{点})$$

A班の得点の 2 乗の平均値を $a$ とすると，

$7^2=a-40^2$ より　$a=1649$

B班の得点の 2 乗の平均値を $b$ とすると，

$9^2=b-56^2$ より　$b=3217$

よって，全体の分散は

$$\frac{1}{20+12}(1649\times20+3217\times12)-46^2$$
$$=\frac{71584}{32}-2116=121$$

したがって，全体の標準偏差は　$\sqrt{121}=\mathbf{11}\ (\text{点})$

**302** (1) 全体の平均値は

$$\frac{1}{16+24}(65\times16+70\times24)=\frac{2720}{40}=\mathbf{68}\ (\text{点})$$

A班の得点の 2 乗の平均値を $a$ とすると，

$175=a-65^2$ より　$a=4400$

B班の得点の 2 乗の平均値を $b$ とすると

$100=b-70^2$ より　$b=5000$

よって，全体の分散は

$$\frac{1}{16+24}(4400\times16+5000\times24)-68^2$$
$$=\frac{190400}{40}-4624=\mathbf{136}$$

(2) B班の平均値が 75 点になるから，全体の平均値は

$$\frac{1}{16+24}(65\times16+75\times24)=\frac{2840}{40}=\mathbf{71}\ (\text{点})$$

A班の得点の 2 乗の平均値は変化しないから，4400。

B班の得点の 2 乗の平均値を $b'$ とすると，B班だけの分散は変化しないから，

$100=b'-75^2$ より　$b'=5725$

よって，全体の分散は

$$\frac{1}{16+24}(4400\times16+5725\times24)-71^2$$
$$=\frac{207800}{40}-5041=\mathbf{154}$$

**303** 平均値が 4 であるから

$\dfrac{1}{5}(3+3+x+y+5)=4$ より

$x+y=9$　……①

分散が 3.2 であるから

$\dfrac{1}{5}(3^2+3^2+x^2+y^2+5^2)-4^2=3.2$ より

$x^2+y^2=53$　……②

①，②より　$x^2+(9-x)^2=53$

$2x^2-18x+28=0$

$x^2-9x+14=0$

$(x-2)(x-7)=0$

よって　$x=2,\ 7$

$x=2$ のとき　$y=7$

$x=7$ のとき　$y=2$

$x\leqq y$ であるから　$x=\mathbf{2},\ y=\mathbf{7}$

**304** $\overline{u}=4\overline{x}+1$

$=4\times8+1=\mathbf{33}$

$s_u{}^2=4^2s_x{}^2$

$=16\times7=\mathbf{112}$

**305** $u=\dfrac{3x-10}{5}=\dfrac{3}{5}x-2$ より

$\overline{u}=\dfrac{3}{5}\overline{x}-2$

$=\dfrac{3}{5}\times5-2=\mathbf{1}$

$s_u{}^2=\left(\dfrac{3}{5}\right)^2s_x{}^2$

$=\dfrac{9}{25}\times10=\mathbf{\dfrac{18}{5}}$

**306** (1) $x=97$ であるから

$$u=10\times\left(\frac{97-67}{20}\right)+50$$
$$=15+50=\mathbf{65}$$

(2) $u=10\left(\dfrac{x-\overline{x}}{s_x}\right)+50$

$$=\frac{10}{s_x}x-\frac{10}{s_x}\overline{x}+50$$

よって

$$\overline{u}=\frac{10}{s_x}\overline{x}-\frac{10}{s_x}\overline{x}+50=\mathbf{50}$$
$$s_u{}^2=\left(\frac{10}{s_x}\right)^2 s_x{}^2=100$$

よって　$s_u=\sqrt{100}=\mathbf{10}$

(3) ①

(4) もとの得点を $x'$ とすると，あらたな得点 $x$ は

$$x=x'+3$$

ゆえに

$$\overline{x}=\overline{x'}+3=67+3=\mathbf{70}$$

$s_x{}^2=1^2\times s_{x'}{}^2$ より　$s_x=s_{x'}=\mathbf{20}$

このとき

$$x-\overline{x}=x'+3-70$$
$$=x'-67$$
$$=x'-\overline{x'}$$

であるから

$$u=10\left(\frac{x-\overline{x}}{s_x}\right)+50$$
$$=10\left(\frac{x'-\overline{x'}}{s_{x'}}\right)+50$$

すなわち，$u$ の値は変わらない。

よって　$\overline{u}=\mathbf{50}$，$s_u=\mathbf{10}$

**307** ㋑にはすべての生徒が表されている。

よって　㋑

**308**

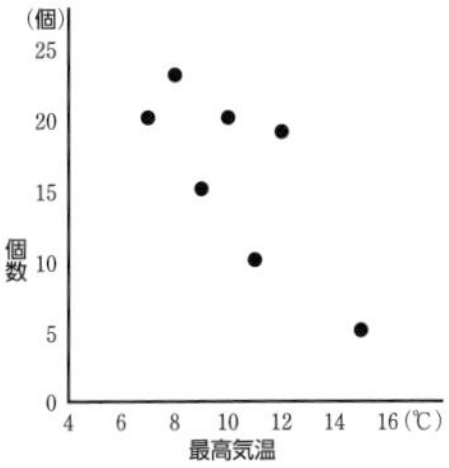


**負の相関**がある。

**309** $x$ の平均値 $\overline{x}$ は

$$\overline{x}=\frac{1}{4}(4+7+3+6)=5$$

$y$ の平均値 $\overline{y}$ は

$$\overline{y}=\frac{1}{4}(4+8+6+10)=7$$

したがって，共分散 $s_{xy}$ は

$$s_{xy}=\frac{1}{4}\{(4-5)(4-7)+(7-5)(8-7)+(3-5)(6-7)$$
$$+(6-5)(10-7)\}=\frac{10}{4}=\mathbf{2.5}$$

**310**

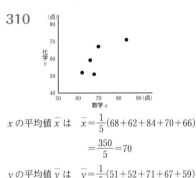

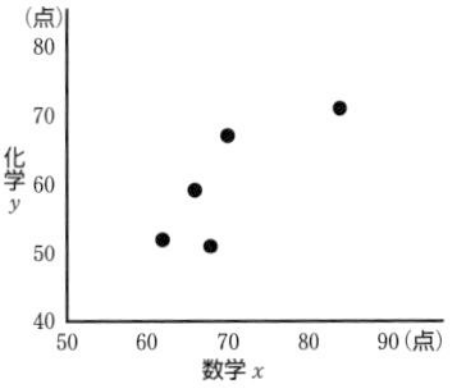


$x$ の平均値 $\overline{x}$ は　$\overline{x}=\dfrac{1}{5}(68+62+84+70+66)$

$$=\frac{350}{5}=70$$

$y$ の平均値 $\overline{y}$ は　$\overline{y}=\dfrac{1}{5}(51+52+71+67+59)$

$$=\frac{300}{5}=60$$

したがって，共分散 $s_{xy}$ は

$$s_{xy}=\frac{1}{5}\{(68-70)(51-60)+(62-70)(52-60)$$
$$+(84-70)(71-60)+(70-70)(67-60)$$
$$+(66-70)(59-60)\}$$
$$=\frac{240}{5}=\mathbf{48}$$

**311**

| 生徒 | $x$ | $y$ | $x-\overline{x}$ | $y-\overline{y}$ | $(x-\overline{x})^2$ | $(y-\overline{y})^2$ | $(x-\overline{x})(y-\overline{y})$ |
|---|---|---|---|---|---|---|---|
| ① | 4 | 7 | $-2$ | $-1$ | 4 | 1 | 2 |
| ② | 7 | 9 | 1 | 1 | 1 | 1 | 1 |
| ③ | 5 | 8 | $-1$ | 0 | 1 | 0 | 0 |
| ④ | 8 | 10 | 2 | 2 | 4 | 4 | 4 |
| ⑤ | 6 | 6 | 0 | $-2$ | 0 | 4 | 0 |
| 計 | 30 | 40 | | | 10 | 10 | 7 |
| 平均値 | 6 | 8 | | | 2 | 2 | 1.4 |

上の表より，$x$，$y$ の分散 $s_x{}^2$，$s_y{}^2$ は

$$s_x{}^2=2,\quad s_y{}^2=2$$

よって，標準偏差 $s_x$，$s_y$ は

$$s_x=\sqrt{2},\quad s_y=\sqrt{2}$$

また，$x$ と $y$ の共分散 $s_{xy}$ は

$s_{xy}=1.4$

したがって，$x$ と $y$ の相関係数 $r$ は

$$r=\frac{s_{xy}}{s_x s_y}=\frac{1.4}{\sqrt{2}\times\sqrt{2}}=\mathbf{0.7}$$

**312** (1) $(x,\ y)=(2,\ 5)$ に対応する点がある散布図は㋐のみ。強い正の相関が見られるので，相関係数は 0.9 が最も近い。

よって，散布図は　㋐

相関係数は　(e)

(2) $(x,\ y)=(6,\ 3)$ に対応する点がある散布図は㋒のみ。弱い正の相関が見られるので，相関係数は 0.3 が最も近い。

よって，散布図は　㋒

相関係数は　(c)

(3) $(x,\ y)=(4,\ 10)$ に対応する点がある散布図は㋑のみ。強い負の相関が見られるので，相関係数は $-0.8$ が最も近い。

よって，散布図は　㋑

相関係数は　(a)

**313** (ボール投げ)

㋐と㋑の箱ひげ図において，第3四分位数のみが異なる階級に属している。それらの階級は

㋐ 30～35,　　㋑ 25～30

データの大きさが 20 であるから，$Q_3$ は 15 番目と 16 番目の値の平均値である。

15 番目の値は　約 28,　　16 番目の値は　約 28

であるから　　$Q_3<30$

よって，ボール投げの箱ひげ図は　　㋑

(握力)

㋒と㋓の箱ひげ図において，第2四分位数のみが異なる階級に属している。それらの階級は

㋒ 40～50,　　㋓ 30～40

$Q_2$ は 10 番目と 11 番目の値の平均値である。

10 番目の値は　約 38,　　11 番目の値は　約 39

であるから　　$Q_2<40$

よって，握力の箱ひげ図は　　㋓

**314** $y$ のすべての値に 10 が加えられるから，$y-\overline{y}$ の値は変化しない。よって，$(x-\overline{x})^2$, $(y-\overline{y})^2$, $(x-\overline{x})(y-\overline{y})$ のいずれの値も変化しないから，相関係数は　　**0.76**

**315** (1)

| 生徒 | 1回目 $x$ | 2回目 $y$ | $x-\overline{x}$ | $y-\overline{y}$ | $(x-\overline{x})^2$ | $(y-\overline{y})^2$ | $(x-\overline{x})(y-\overline{y})$ |
|---|---|---|---|---|---|---|---|
| ① | 56 | 85 | $-4$ | 5 | 16 | 25 | $-20$ |
| ② | 64 | 80 | 4 | 0 | 16 | 0 | 0 |
| ③ | 53 | 75 | $-7$ | $-5$ | 49 | 25 | 35 |
| ④ | 72 | 90 | 12 | 10 | 144 | 100 | 120 |
| ⑤ | 55 | 70 | $-5$ | $-10$ | 25 | 100 | 50 |
| 計 | 300 | 400 | | | 250 | 250 | 185 |
| 平均値 | 60 | 80 | | | 50 | 50 | 37 |

上の表より，$x$，$y$ の標準偏差 $s_x$，$s_y$ は

$s_x=\sqrt{50}$，$s_y=\sqrt{50}$

また，$x$ と $y$ の共分散 $s_{xy}$ は

$s_{xy}=37$

よって，$x$ と $y$ の相関係数 $r$ は

$$r=\frac{s_{xy}}{s_x s_y}=\frac{37}{\sqrt{50}\sqrt{50}}=\mathbf{0.74}$$

(2) $y$ のすべての値に 5 が加えられるから，$y-\overline{y}$ の値は変化しない。よって，$(x-\overline{x})^2$, $(y-\overline{y})^2$, $(x-\overline{x})(y-\overline{y})$ のいずれの値も変化しないから，相関係数は　　**0.74**

**316** $Q_1=22$，$Q_3=30$ であるから

$Q_1-1.5(Q_3-Q_1)=22-1.5\times(30-22)=10$

$Q_3+1.5(Q_3-Q_1)=30+1.5\times(30-22)=42$

よって，外れ値は 10 以下または 42 以上の値である。

したがって　　①，④

**317** (1) 回数のデータを小さい順に並べると

0，3，6，6，6，7，8，8，9，12

よって　　$\mathbf{Q_1=6}$，$\mathbf{Q_3=8}$

(2) $Q_1-1.5(Q_3-Q_1)=6-1.5\times(8-6)=3$

$Q_3+1.5(Q_3-Q_1)=8+1.5\times(8-6)=11$

よって，外れ値は　3 以下　または　11 以上の値である。

したがって，外れ値の生徒は

①，③，⑤

**318** 度数分布表より，コインを 6 回投げたとき，表が 6 回出る相対度数は

$$\frac{13}{1000}=0.013$$

よって，Aが 6 勝する確率は 1.3 % と考えられ，基準となる確率の 5 % より小さい。

したがって，**「A，B の実力が同じ」という仮説が誤り**と判断する。すなわち，Aが 6 勝したときは，Aの方が強いといえる。

**319** $Q_1=10$, $Q_3=k$ であるから

$k \geqq 10$ ……①

また $Q_3+1.5(Q_3-Q_1)=k+1.5(k-10)$

$=2.5k-15$

25 が外れ値であるならば

$2.5k-15 \leqq 25$

よって $k \leqq 16$ ……②

①，②の共通範囲を求めて

$\mathbf{10 \leqq k \leqq 16}$

スパイラル数学Ⅰ　解答編

●編　者　実教出版編修部
●発行者　小田　良次
●印刷所　寿印刷株式会社

●発行所　実教出版株式会社
〒102-8377
東京都千代田区五番町5
電話<営業>(03)3238-7777
<編修>(03)3238-7785
<総務>(03)3238-7700
https://www.jikkyo.co.jp/

002302022　ISBN 978-4-407-36015-8